智博人工智能技术丛书

Python
统计机器学习

【日】金森敬文◎著
朱迎庆◎译

中国水利水电出版社
www.waterpub.com.cn
·北京·

内 容 提 要

《Python 统计机器学习》以 Python 为工具，详细介绍了机器学习中必备的统计分析技术和数据分析基础知识。全书共分三部分，第一部分介绍了 Python 中的基本运算方法和概率的相关基础概念。第二部分介绍了统计分析的基础知识，内容涵盖机器学习的问题设置、定量评价各种数据分析结果的框架，并简明描述数据的主成分分析方法、统计建模的思路及假设检验的标准等统计学知识。第三部分介绍了在机器学习中的各种方法，包括回归分析、聚类分析支持向量机、稀疏学习、决策树、集成学习、高斯过程模型及密度比估计等方法，最后还特别介绍了深度学习的贝叶斯优化方法。

《Python 统计机器学习》内容丰富，图文并茂，特别适合想学习数据分析、统计分析、机器学习、深度学习的人员参考学习。

北京市版权局著作权合同登记号 图字：01-2022-6952
Original Japanese Language edition
PYTHON DE MANABU TOKEITEKI KIKAI GAKUSHU
by Takafumi Kanamori

Published by Ohmsha, Ltd.
Chinese translation rights in simplified characters arrangement with Ohmsha, Ltd.
through Japan UNI Agency, Inc., Tokyo

图书在版编目（CIP）数据

Python统计机器学习 / (日) 金森敬文著 ; 朱迎庆译. -- 北京 : 中国水利水电出版社, 2023.7

ISBN 978-7-5226-1501-1

I. ①P… II. ①金… ②朱… III. ①软件工具－程序设计 IV. ①TP311.561

中国国家版本馆CIP数据核字(2023)第073988号

书　　名	Python 统计机器学习 Python TONGJI JIQI XUEXI
作　　者	[日] 金森敬文　著
译　　者	朱迎庆　译
出版发行	中国水利水电出版社 （北京市海淀区玉渊潭南路 1 号 D 座　100038） 网址：www.waterpub.com.cn E-mail：zhiboshangshu@163.com 电话：（010）62572966-2205/2266/2201（营销中心）
经　　售	北京科水图书销售有限公司 电话：（010）68545874、63202643 全国各地新华书店和相关出版物销售网点
排　　版	北京智博尚书文化传媒有限公司
印　　刷	北京富博印刷有限公司
规　　格	148mm×210mm　32 开本　6.75 印张　226 千字
版　　次	2023 年 7 月第 1 版　2023 年 7 月第 1 次印刷
印　　数	0001—3000 册
定　　价	79.80 元

前言

本书的目的是帮助读者在实际操作中掌握机器学习的各种方法。现在很多数据分析工具都是免费的。另外，访问大规模数据的网络环境变得比较容易，而且已经成为司空见惯的事情。因此，尝试数据分析方法的门槛并不是很高。本书将介绍如何应用各种机器学习方法。

Python 主要广泛应用于机器学习和优化算法领域中。近年来，不仅在科学技术和社会科学领域，在经济商务等活动中 Python 也经常作为数据分析工具得到了广泛的应用。在这样的背景下，数据分析所需要的程序库或程序大多数都可以在网络上进行检索并快速找到。用于机器学习的软件包也非常丰富，安装也很简单、便捷。另外，在 Python 中不但可以调用其他语言编写的程序，还可以在 Linux、UNIX、macOS、Windows 等主流平台上运行，它支持各种计算机环境。

本书中用到的 Python 代码可以按以下方法下载。

（1）扫描“读者交流圈”二维码，加入交流圈即可获取本书资源的下载链接，本书的勘误等信息也会及时发布在交流圈中。

（2）扫描“人人都是程序猿”公众号，关注后，输入 tongji 并发送到公众号后台后即可获取本书资源的下载链接。

（3）将获取的资源链接复制到浏览器的地址栏中，按 Enter 键，并根据提示进行下载（只能通过计算机下载，手机不能下载）。

读者交流圈

“人人都是程序猿”公众号

这些源代码在 macOS 10.13 上的 Python 3.6.3、Ubuntu1 4.04.5 上的 Python 3.4.3、Windows 10 上的 Python 3.6.4 上进行了验证。本书使用的是通过 IPython 执行的结果。下载的配套资源中的源代码用于 Jupyter Notebook。

本书共三部分，第一部分介绍基于 Python 的计算（第 1 ~ 2 章），其中第 1 章讲述了通过 Python 进行计算的方法，第 2 章介绍了概率的基础概念。第二部分介绍统计分析的基础知识（第 3 ~ 7 章），其中第 3 章介绍了机器学习的问题设置，第 4 章介绍了定量评价各种数据分析结果的框架，第 5 ~ 7 章简明描述数据的主成分分析方法、统计建模的思路及假设检验的标准等统计学知识。第三部分介绍了机器学习的各种方法，包括回归分析、聚类分析、支持向量机、稀疏学习、决策树与集成学习、高斯过程模型及密度比估计等方法。此外，还针对近年来备受关注的深度学习的相关话题，介绍了贝叶斯优化方法。

作为阅读本书所需的预备知识——矩阵和向量的计算，我们假设读者已经学习和掌握了（为了更好地学习本书，还没有掌握矩阵和向量计算的读者请先通过其他书籍或在网络中搜索相关知识进行补充）。此外，有关学习用的计算机资源，请读者从网上下载相关软件并按照一定顺序进行安装。关于 Python 语言，互联网上有很多相关资源，通过查看相关网页，读者就可以顺利地开始基于 Python 的机器学习编程。

笔者在编写本书的过程中得到了很多人的帮助和支持，在这里向通过书籍和网络等形式发布关于 Python 相关信息的人们表示感谢！感谢理研 AIP 的松井孝太老师精读了原稿，并给出了许多宝贵的意见！同时，感谢欧姆公司书籍编写部门的各位老师对于本书从企划到出版一直以来给予的关照，在此深表谢意！

金森敬文

目录

第一部分　基于 Python 的计算

第二部分　统计分析的基础

第三部分　机器学习的方法

目录

第一部分

基于 Python 的计算

第 1 章

Python 基础

本章首先介绍了启动 Python 的方法和加载软件包的方法，然后介绍 Python 中的基本运算和函数应用，最后举例说明绘图的方法。目前市场上有很多关于 Python 的书籍，大家可以将之作为辅助资料进行参考学习。

1.1 启动 Python 与加载软件包

打开 macOS 或者 Linux 等操作系统，在终端输入“python”后按 Enter 键，即可以启动 Python。使用更方便的还有 IPython 和 Jupyter 等，本书中展示的示例是使用的 IPython。

启动 IPython 后，系统会显示以下内容。

```
$ ipython --classic --nosep
Python 3.6.3 (default, Oct 4 2017, 06:09:38)
Type 'copyright', 'credits' or 'license' for more information
IPython 6.2.1 -- An enhanced Interactive Python. Type '?' for help.
>>>
```

要想退出 Python，可同时按 Ctrl 键与 D 键。

```
>>>
Do your eally want to exit ([y]/n)?
```

如果在此处按 Enter 键（或输入 y 后按 Enter 键），则会话结束。如果输入 n，则会取消退出操作，并继续该会话。

这里使用的是 Python 语言的软件包。软件包是指具有高度通用性的程序的集合。其中，数值计算需要使用 NumPy 软件包。根据不同的应用需求，用户还可以使用诸如 SciPy、matplotlib.pyplot 及 Pandas 等其他一些软件包。在本书中，展示了很多加载了上述软件包的程序示例。此外，在计算机上还可以使用 pip 安装软件包。关于这方面的内容，读者可以到 Python 语言的相关网站进行了解。

要加载软件包，可按照以下方式使用 import 语句。需要注意的是，由于“#”之后的内容为注释，程序运行时不起任何作用，所以读者在输入代码时也可以不输入注释。

```
>>>import numpy as np                 # 数值计算
>>>import scipy as sp                 # 数学与科学运算
>>>import matplotlib.pyplot as plt    # 绘图
>>>import pandas as pd                # 数据分析
```

在上面的代码中，“as np”等表示调用某个软件包时所用的名称。

在 Linux 和 macOS 操作系统中，启动 IPython 时，会将需要加载的软件包预先写入/.ipython/profiledefault/startup/00-first.py 文件中，加载之后使用软件包会更加方便。在本书中，还会用到 scikit-learn(sklearn)和 statsmodels 等提供了机器学习方法和数据分析方法的软件包。本书各章节需要用到的软件包，包括前面所讲的 NumPy 等，都会在各章的章名页进行说明。

下面展示一个使用圆周率的值计算 sin(π/4)的例子。圆周率被保存在 np.pi 中。另外，sin 函数为 np.sin，sin(π/4)的值与 $1/\sqrt{2}$ 是一致的。此外，可以使用平方根 np.sqrt 进行计算。

```
>>> np.sin(np.pi/4)       # sin 函数的计算
0.70710678118654746

>>> 1/np.sqrt(2)
0.70710678118654746
```

1.2 基于 Python 的运算

四则运算是通过标准的运算符+、–、*、/ 来进行计算的，除此之外，还有幂运算符**和余数运算符%等。另外，也有以 xen 代替 x*10^n 的记数方法。比较运算符则有==、!=、>、>=、<、<=等。下面一起来看一个例子。

```
>>> 10**2 * 1e-3 * 1.23e2
12.3
>>>0**0            # 如果为 R 语言，则为 0
1
>>>10//3           # 10 除以 3 的商取整
3
>>>10%3            # 10 除以 3 取余
1
>>>1/np.inf        # np.inf 表示无穷大
0.0
>>>1==1            # 比较运算符
True
>>>1!=1
False
>>>np.inf==np.inf
True
```

逻辑运算符有 and、or 和 not。A and B 表示“A 和 B”；A or B 表示“A 或 B”；not 表示否定的意思。通常可用 not 表示条件“非”。

```
>>> -np.inf < 1 and 1 < np.inf          # and 运算符
True
>>> 1<2 and 3<-1
```

```
False
>>> 1<2 or 3<-1                          # or 运算符
True
>>> not (-1<3 and 2>3)                   # 括号内的结果为 False
True
>>> not -1<3 and 2>3                     # (-1>=3) and 2>3
False
>>> not -1<3 or 2<3                      # (-1>=3) or 2<3
True
>>> not -1<3 or 2>3                      # (-1>=3) or 2>3
False
>>> not (-1<3 or 2>3)                    # 括号内的结果为 True
False
```

首先，介绍一下计算时处理数值的方法。数值的类型有整数、浮点小数（实数）、复数、字符串、逻辑值、列表等。另外，在 NumPy 中，还有用于数值计算的向量、矩阵、数组等数据类型。给变量赋值可使用=；进行数据合并可使用 np.r_或者 np.c_；还可以使用 shape 查看使用 np.array 创建的数组大小。

```
>>> x = np.array([4,-1])              # 将向量[4, -1]代入 x
>>>x.ndim                             # 作为数组的维度
1
>>>x.shape                            # 查看数组的大小、向量维度
(2,)
>>>np.arange(-3,5)                    # 包含从-3～4（=5-1）的整数元素的向量
array([-3, -2, -1, 0, 1, 2, 3, 4])

>>># 生成矩阵
>>> a = np.array([[1,2],[3,4]]); b = np.array([[-1,-2],[-3,-4]]);
>>> a
array([[1, 2],
       [3, 4]])
>>>b
array([[-1,-2],
       [-3,-4]])
>>>np.r_[a,b]                         # 纵向排列矩阵
array([[1,2],
      [3,4],
      [-1,-2],
      [-3,-4]])
>>>X=np.c_[a,b]                       # 横向排列矩阵
array([[1,2,-1,-2],
```

```
      [3,4,-3,-4]])
>>>X.T                                    # 转置矩阵
array([[1,3],
      [2,4],
      [-1,-3],
      [-2,-4]])
>>>X.shape                                # X的大小
(2,4)
>>>X.T.shape                              # X.T的大小
(4,2)
```

指定数组元素时需要注意的是，索引是从 0 开始计数的。如果指定一维数组 v 的 v[2]，则取出的会是第 3 个元素。矩阵元素也可以用同样的方法取出。例如，v[1:4]表示提取的数据为 v[1]、v[2]、v[3]。通常，指定为 v[k:n]，就表示提取的数据为 v[k]、v[k+1]、...、v[n-1]。另外，使用 reshape 可以改变数组的形状。

```
>>> np.arange(10)
array([0, 1, 2, 3, 4, 5, 6, 7, 8, 9])
>>> np.arange(2,10)
array([2, 3, 4, 5, 6, 7, 8, 9])
>>> np.arange(2,20,4)
array([2, 6, 10, 14, 18])
>>> v = np.arange(9,-2,-1.5)
>>> v
array([9. , 7.5, 6. , 4.5, 3. , 1.5, 0. , -1.5])
>>> v[0]
9.0
>>> v[0:3]                                     # v[0]、v[1]、v[2]组成的向量
array([9. , 7.5, 6. ])
>>> v[1:3]                                     # v[1]、v[2]组成的向量
array([7.5, 6. ])
>>> v[:3]; v[3:]                               # 分割向量
array([9.,7.5,6.])
array([4.5,3.,1.5,0.,-1.5])
>>>v>0                                         # 检查各个元素是否大于 0
array([True, True, True, True, True, True, False, False], dtype=bool)
>>>v[v>0]                                      # 由大于 0 的元素组成的向量
array([9. , 7.5, 6. , 4.5, 3. , 1.5])
>>> A = np.arange(1,13).reshape(3,4); A  # 将向量变为 3×4 的矩阵
array([[1, 2, 3, 4],
       [5, 6, 7, 8],
```

```
       [9, 10, 11, 12]])
>>> A[0,1]
2
>>>A[:,2]                                  # 第2列：数组的索引从0开始
array([3,7,11])
>>>A[1:,2:]
array([[7,8],
      [11,12]])
>>>A[:,[0,2]]
array([[1,3],
      [5,7],
      [9,11]])
>>> A[:,::-1]                              # 列的排序为逆序
array([[4,3,2,1],
      [8,7,6,5],
      [12,11,10,9]])
>>>A[::-1,::-1]                            # 行和列的排序均为逆序
array([[12,11,10,9],
      [8,7,6,5],
      [4,3,2,1]])
```

要删除矩阵的行或列时，可以使用np.delete命令。

```
>>>np.delete(A,1,1)                        # 删除A的1列（axis=1）
array([[1,3,4],
      [5,7,8],
      [9,11,12]])

>>>np.delete(A,[1,2],1)                    # 删除A的1、2列
array([[1,4],
      [5,8],
      [9,12]])

>>>np.delete(A,[0,2],0)                    # 删除A的0、2行（axis=0）
array([[5,6,7,8]])
```

列表是可以存储向量、矩阵以及字符串等数据的数据结构，可使用方括号[]表示。

```
>>># 定义列表的数据
>>>a=[[2,3,4,5],np.arange(12).reshape(3,4),"letter"]
>>>len(a)                                  # 列表的长度
3
>>>a
```

```
[[2,3,4,5],array([[0,1,2,3],
 [4,5,6,7],
 [8,9,10,11]]),'letter']
>>>a[0]                                         # 列表的第 0 个元素
[2,3,4,5]
>>>a[2]                                         # 列表的第 2 个元素
'letter'
>>>a[1][1,]                                     # 列表的第 1 个元素的第 1 行
array([4,5,6,7])
```

接下来介绍矩阵的计算。在 NumPy 中使用 np.dot 可以计算矩阵。计算线性方程的解时，可以使用 np.linalg.solve；计算逆矩阵时，则可以使用 np.linelg.inv。

```
>>>A=np.arange(1,13).reshape(3,4)
>>>B=np.dot(A,A.T)/100;B                        # A 和 A.T 的乘积除以 100
array([[0.3,0.7,1.1],
       [0.7,1.74,2.78],
       [1.1,2.78,4.46]])

>>>np.diag(B)                                   # 对角线元素
array([0.3,1.74,4.46])
>>>np.fill_diagonal(B,B.diagonal()+1)           # B 的对角线元素加 1
>>>B
array([[1.3 , 0.7 , 1.1 ],
       [0.7 , 2.74, 2.78],
       [1.1 , 2.78, 5.46]])

>>>d=np.array([1,0,-1])                         # 生成向量 d
>>>x=np.linalg.solve(B,d)                       # 求解 Bx=d
>>>x                                            # 显示解 x
array([1.07904316, 0.27041082, -0.53822153])
>>>np.dot(np.linalg.inv(B),d)                   # B 的逆矩阵和 d 的乘积，同 x 一致
array([1.07904316,0.27041082,-0.53822153])
```

使用 np.linalg.eig 可以计算特征值和特征向量。其结果会以列表形式返回。

```
>>>ei=np.linalg.eig(B)                          # 计算 B 的特征值和特征向量
>>>ei[0]                                        # 由特征值组成的向量
array([7.47032607,1.02967393,1.])

>>>ei[1]                                        # 特征向量
array([[-0.20673589, -0.88915331, 0.40824829],
```

```
       [-0.51828874, -0.25438183, -0.81649658],
       [-0.82984158, 0.38038964, 0.40824829]])

>>># 将 B 乘以特征向量并将每个元素除以特征向量
>>># 此操作给出了一个（非零）特征值矩阵
>>>np.dot(B,ei[1])/ei[1]
array([[7.47032607, 1.02967393, 1.],
       [7.47032607, 1.02967393, 1.],
       [7.47032607, 1.02967393, 1.]])
```

另外，使用 sp.linalg.eigh 也可以计算特征值和特征向量。计算完后还会将特征值按升序排列的结果返回（它支持对特征向量进行排序）。

除此之外，Python 的 NumPy 库还提供了多种关于矩阵的运算。例如，计算 Cholesky 分解的 np.linalg.cholesky、计算奇异值分解的 np.linalg.svd 等。使用 Python 语言可以高效地进行矩阵运算，而使用矩阵运算功能是快速编写程序的关键。

1.3 函数与控制语句

Python 语言提供了数值计算所需的标准函数和编程所需的控制语句。函数具体包括 np.sum、np.mean、np.max、np.min、np.prod、np.maximum、np.minimum、np.sqrt、np.abs、np.exp、np.log、np.cos、np.sin、np.tan、np.arccos、np.arcsin、np.arctan，等等。

其中，使用函数 np.sum、np.mean、np.max、np.min 会分别返回向量元素（或矩阵）的总和、平均值、最大值和最小值。上述其他函数，则会在给定的数据为向量或矩阵类型时，返回计算的结果。

```
>>>a=np.array([3,-2,4,1,9])                # 生成向量
>>>a
array([3,-2,4,1,9])
>>>np.sum(a)                               # a 的元素的总和
15
>>>np.mean(a)                              # a 的元素的平均值
3.0
>>>np.sqrt(2)                              # 2 的平方根
1.4142135623730951
>>>A=np.arange(1,13).reshape(3,4)
```

```
>>>np.log(A)                          # 将 np.log(对数)应用于矩阵
array([[0.  , 0.69314718, 1.09861229, 1.38629436],
       [1.60943791, 1.79175947, 1.94591015, 2.07944154],
       [2.19722458, 2.30258509, 2.39789527, 2.48490665]])
```

定义新的函数时可以使用 def。

```
>>> # 函数名称：parity
... def parity(x):
...     if x%2 == 0:
...         print('偶数')
...     elif x%2 == 1:
...         print('奇数')
...     else:
...         print('非整数')
>>> parity(4)
偶数
>>> parity(-3)
奇数
>>> parity(np.pi)           # np.pi 为圆周率
非整数
```

在控制语句中，除了使用条件分支语句 if、elif、else 外，还可以使用 for 或者 while 等循环控制语句。

```
>>> for n in range(4): print(n)     # 使用循环语句 for 显示 range 的范围
0
1
2
3
>>> for n in range(1,4): print(n)
1
2
3
>>> total = 0                       # 使用 for 语句从 1 加到 10
>>> for n in np.arange(1,11):
... total = total + n
>>> total
55
>>> total = 0; i = 1                # 使用 while 语句从 1 加到 10
>>> while i <= 10:
... total = total + i
... i = i + 1
>>> total
```

```
55
>>># np.sum具有相同的运算功能
>>>np.sum(np.arange(1,11))
55
```

用户也可以将命令汇总在一个文件中批量执行，而不是使用Python语言一行一行地输入命令。通常的做法是，先编写一定长度的程序，然后在需要的时候调用并执行程序。因此，用户可以使用import语句将上面定义的函数parity保存到common文件夹下一个名为parity.py的文件中，并且可以尝试着执行程序。另外，如下面所写的代码，在需要标注字符编码时，可在程序文件中写入#coding:utf-8语句。

```
# coding: utf-8
# 作为common/parity.py保存
def  parity(x):
    if x%2 == 0:
        print('偶数')
    elif x%2 == 1:
        print('奇数')
    else:
        print('非整数')
```

启动Python，读入parity.py。

```
>>>from common import parity as par      # 读入parity.py
>>>par.parity(3)                         # 执行parity
奇数
```

本书所讲的例子大多是每输入一行命令就会显示执行的结果。但是，如果像上述程序那样将定义的函数保存在文件中，不仅可以进行简单的编辑，还可以用import语句导入，非常的方便。此时，通过命令as par即可使用par.parity调用parity函数。如果用from common import partity的形式导入，则会以parity.parity(3)来执行。

1.4 绘图

绘图是数据分析的基础。通过绘制数据分析结果图，可以得到更直观的解释和更适当的建模指南。本节将介绍matplotlib软件包的基本使用方法。

下面以绘制iris数据［鸢尾花卉的测量数据如图1.1（a）所示］来举例

说明。

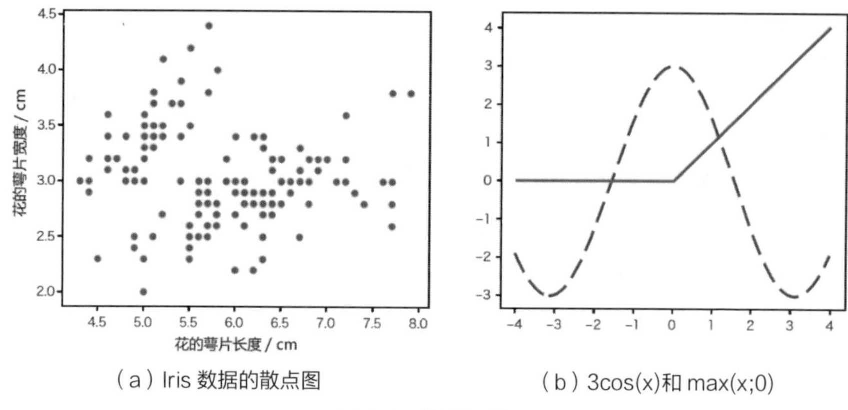

（a）Iris 数据的散点图　　（b）3cos(x)和 max(x;0)

图 1.1　绘图示例

首先，读取 sklearn.datasets 中的 load_iris 数据。

```
>>>import matplotlib.pyplot as plt              # 加载 matplotlib.pyplot
>>>from sklearn.datasets import load_iris       # 使用 load_iris
>>>iris = load_iris()                           # 读取 iris 数据
```

接着，使用 plt.scatter 绘制数据的散点图。

```
>>> plt.scatter(iris.data[:,0], iris.data[:,1])
>>> plt.xlabel(iris.feature_names[0])
>>> plt.ylabel(iris.feature_names[1])
>>> plt.show()
```

使用 plt.plot 函数可以进行绘图。在这里，可先用 np.linspace 生成 x 轴上的点，然后通过点评估函数的值。

```
>>>x = np.linspace(-4,4,100)         # 生成 x 轴上的点
>>>y1 = 3*np.cos(x)                  # 函数值：3cos(x)
>>>y2 = np.maximum(x,0)              # 函数值：max(x,0)
>>>plt.plot(x,y1,'r--')              # 绘制 3cos(x)的图
>>>plt.plot(x,y2,'b-')               # 绘制 max(x,0)的图
>>>plt.show()                        # 显示
```

程序运行结果如图 1.1（b）所示。在 plt.plot 中可设定线条的颜色、类型、粗细等参数。详情可参见 plt.plot 的帮助手册。

```
>>> help(plt.plot)                   # plt.plot 的帮助手册
```

第 2 章

概率的计算

在统计学和机器学习中处理的是随机数据。这里的“随机”指的是“概率的”。本章将从基础性知识开始介绍概率的计算。为了方便读者理解随机现象，本章还介绍了如何利用 Python 语言生成随机数的相关知识。本书最后还列举了与本章内容相关的参考文献，如关于概率和统计的基础知识的文献[1]，关于基于 Python 的统计分析的文献[2]、[3]，关于机器学习的文献[4]、[5]等。

要执行本章中的程序，需要加载以下软件包。

```
>>>import numpy as np
>>>import scipy as sp
```

2.1 概率的基本概念

掷骰子和抛掷硬币通常会被作为解释说明随机问题的例子。下面将从遵循经典力学的角度来看一看抛掷硬币的行为。如果能够确切地知道抛硬币那一时刻的各种情况（如硬币质量的偏差、抛掷的角度和速度、地面的状况等），就应该能在看到结果前知道最终是正面朝上还是背面朝上。然而，在现实生活中，几乎不可能精确测量出这些条件。即使在几乎相同的条件下抛掷硬币，也很难准确预测出每一次抛掷后硬币到底是正面朝上还是背面朝上。但是，多次抛掷硬币后，会发现一个普遍的规律。例如，如果将硬币抛掷 100 次并观察到正面朝上大约有 60 次、背面朝上大约有 40 次，那就可以得出抛掷硬币时正面更容易朝上的规律。在描述类似这样的状况时，概率的概念起了很大的作用。

为了能在数学范畴内解释随机事件，我们需要先了解一些基础知识。在本书中，不会给出一个严格的关于概率的定义，而会把重点放在简洁的定义、计算方法以及相关内容的解释上。

2.2 样本空间和概率分布

本节将介绍描述随机事件的相关术语。

我们将收集了所有能够观测到的现象的集合称为**样本空间**。通常用符号 Ω 表示样本空间。

在抛掷硬币的例子中，样本空间可表示为

$$\Omega=\{正面，背面\}$$

在掷骰子的例子中，样本空间可表示为

$$\Omega=\{1,2,3,4,5,6\}$$

在处理有关长度或质量的情况时，样本空间虽然是整个非负实数的集合，即 $\Omega=\{x\in R|x\geqslant 0\}$，但是当我们优先考虑它在理论上是否易于处理时，也有将样本空间表示为整个实数集的情况，即设置为 $\Omega=R$。

对样本空间的元素取值的变量称为**随机变量**。例如，设抛掷硬币 $\Omega=\{正面，背面\}$。这里假设是一个略微带有偏差的硬币，正面出现的概率为 0.6，背面出现的概率为 0.4。抛掷一枚硬币的结果由随机变量 X 表示。此时，可

表示为

$$P_{\mathrm{r}}（X=\text{正面}）=0.6，P_{\mathrm{r}}（X=\text{背面}）=0.4$$

式中，$P_r(A)$为事件 A 发生的概率的值。

由上式可知，“X=正面”的事件发生的概率为 0.6，“X=背面”的事件发生的概率为 0.4[①]。

样本空间 Ω、随机变量 X 和概率 P_r 具有以下 3 个性质[②]。

■ 概率的性质

1）对于集合 $A \subset \Omega$，有 $0 \leqslant P_r(X \in A) \leqslant 1$。

2）总集合 Ω 的概率为 1，即 $P_r(X \in \Omega)=1$。

3）对于互斥的集合 $A_i(i=1,2,3,...)$：

$$P_r(X \in \cup_i A_i)=\sum_i P_r(X \in A_i)$$

其中，互斥意味着当 $i \neq j$ 时，$A_i \cap A_j=\varnothing$成立。图 2.1 中，A_1 和 A_2 是互斥的。

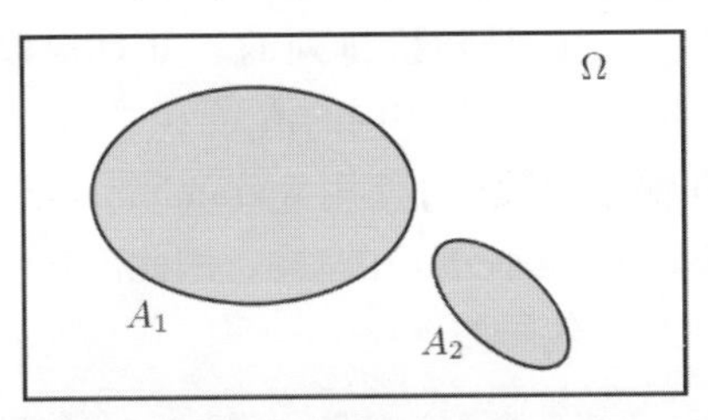

图 2.1 A_1 和 A_2 互斥

如果关注的随机变量 X 非常明确，为了简单起见，$P_r(X \in A)$也可以用 $P_r(A)$表示。

例 2-1 【概率的计算】设 $\Omega=\{1,2,3,4,5,6\}$，如果将 Ω 的随机变量设为 X，则根据概率的性质 37，下列等式成立：

$$P_r(X \in \{1,4\})=P_r(X=1) + P_r(X=4)$$

同样，$P_r(X \in A)$的值可以通过下列表达式计算：

$$P_r(X \in A)=\sum_{\alpha \in A} P_r(X=\alpha)$$

例 2-2 【模拟掷骰子】下面利用 Python 语言模拟掷骰子的现象。假设所掷骰子的各个点数出现的概率是相等的，使用随机检索元素的函数 np.random.choice 模拟掷骰子的现象，代码如下：

① 随机变量通常用大写字母表示，本书会使用大写字母或小写字母表示随机变量。

② 在概率论中，我们将具有这些性质的理论称为“概率空间的定义”。

```
>>>np.random.choice(np.arange(1,7),10)
array([2, 4, 2, 4, 1, 4, 4, 6, 1, 4])
```

在该例子中，我们尝试掷骰子 10 次。np.random.choice 的第一个参数 np.arange(1,7)表示样本空间 Ω 为 np.arange(1,7)=array([1,2,3,4,5,6])。如果设置选项 replace=True，则可通过执行有放回采样（可以从 Ω 中多次提取相同元素）的方法进行采样；如果未指定任何内容，则默认为 replace=True；如果设置选项 replace=False，则执行无放回采样。

```
>>># 无放回采样
>>>np.random.choice(np.arange(1,7),5,replace=False)
array([3, 4, 2, 1, 5])

>>># 有放回采样
>>>np.random.choice(np.arange(1,7),5)
array([5, 6, 6, 3, 6])
```

在这个例子中，1 ~ 6 是随机排列的，并且提取前 5 个值。如果 replace=True，则可能会多次提取相同的值。

例 2–3 【存在偏差的骰子】使用 np.random.choice 函数可用等概率方式采样。由于要从非等概率分布中采样，因此需要使用 p 选项，模拟存在偏差的骰子投掷现象，代码如下：

```
>>> p = np.array([1,1,1,3,3,3]); p = p/np.sum(p)
>>> np.random.choice(np.arange(1,7),10, p=p)
array([6, 6, 6, 3, 5, 6, 5, 1, 5, 4])
```

传给选项 p 的数组是表示概率的，因此必须对其进行标准化，以使其总和为 1。在这个例子中，从 1 ~ 6 的值中提取的值的出现频度分别为 1:1:1:3:3:3，如果将其表示为概率值，则分别为 1/12、1/12、1/12、3/12、3/12 和 3/12。在这个例子中可以看到，4、5 和 6 的值出现的频率更多一些。

2.3 连续随机变量和概率密度函数/分布函数

关于随机变量，下面再来思考一些不是像掷骰子或者抛掷硬币那样的离散值的情况，而是连续实数的值的情况。例如，身高、体重、血压等都可以看作连续变量。由于股票价格实际上具有最小单位，因此取离散值，但由于可能存在的候选值数量众多且还有一定顺序，因此通常将它们视为连续变量。

当采用随机连续值时，它们不太可能完全匹配于某一个值（如 1.208），这是它与离散随机变量的区别。通过思考某个值被包含在某个区间或某个集合中的概率，而不是精确匹配某个值的概率，可以表达该值可能出现在哪个位置。

连续随机变量 X 在区间 $A \subset R$ 中取值的概率为 $P_r(X \in A)$，可表示为区间 A 上关于函数 $f(x)(x \in R)$的积分的形式，如式（2.1）所示。

$$P_r(X \in A) = \int_A f(X)\mathrm{d}x \tag{2.1}$$

此时，$f(x)$称为随机变量 X 的**概率密度函数**，简称为概率密度或密度函数。概率密度满足以下特性。

1）$f(x)$为非负函数。

2）$\int_{-\infty}^{\infty} f(x)\mathrm{d}x = 1$。

如果由满足上述两个条件的函数 $f(x)$通过式（2.1）来定义 $P_r(\cdot)$，则其满足 2.2 节中关于概率的性质。

例 2–4 【正态分布】假若把随机变量 X 取实数值的概率定义为下式。概率密度函数的曲线图可见图 2.2。

$$P_r(a \leqslant X \leqslant b) = \int_a^b \frac{1}{\sqrt{2\pi\sigma^2}} \mathrm{e}^{-\frac{(x-\mu)^2}{2\sigma^2}} \mathrm{d}x$$

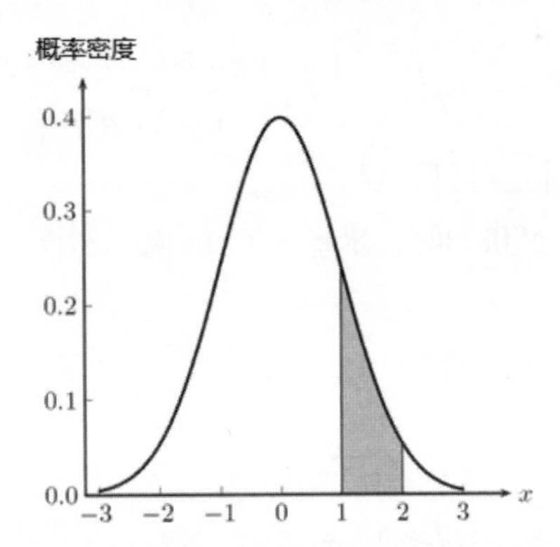

图 2.2　阴影部分的面积与 $P_r(1 \leqslant X \leqslant 2)$相等

此时，X 服从（一维）**正态分布**，并表示为

$$X \sim N(\mu, \sigma^2)$$

通常，当随机变量 X 服从特定的分布 P 时，记作：

$$X \sim P$$

下面给出分布函数的定义。假设随机变量X服从概率密度$f(x)$的分布，此时**X的分布函数$F(x)$**由下式给出：

$$F(x) = P_r(X \leqslant x) = \int_{-\infty}^{x} f(z)\mathrm{d}z \quad (x \in R)$$

等式两边求微分，可得到：

$$\frac{\mathrm{d}}{\mathrm{d}x} F(x) = f(x)$$

换句话说，即可以通过对分布函数求微分来获得概率密度。利用这一性质，在对随机变量进行变换时，可以很简便地计算出概率密度是如何变换的。

例 2–5 设随机变量X的概率密度为$p_X(x)$。对于常量$a \neq 0$以及b，$Z=aX+b$的概率密度$p_Z(z)$由下式给出：

$$p_Z(z) = \frac{1}{|a|} p_X\left(\frac{z-b}{a}\right)$$

可以利用分布函数进行如下计算。假设X的分布函数为$F_X(x)$，Z的分布函数为$F_Z(z)$，那么当$a>0$时，由于有：

$$\begin{aligned} F_Z(z) &= P_r(Z \leqslant z) = P_r(aX + b \leqslant z) \\ &= P_r\left(X \leqslant \frac{z-b}{a}\right) = F_X\left(\frac{z-b}{a}\right) \end{aligned}$$

则可得到：

$$p_Z(z) = \frac{\mathrm{d}}{\mathrm{d}z} F_Z(z) = \frac{1}{a} F'_X\left(\frac{z-b}{a}\right) = \frac{1}{a} p_X\left(\frac{z-b}{a}\right)$$

同理，当$a<0$时也可以计算。

例 2–6 当$X \sim N(0, 1)$时，求$Z = X^2$的概率密度。

由于有：

$$\begin{aligned} F(z) &= P_r\{X^2 \leqslant z\} = P_r\{-\sqrt{z} \leqslant X \leqslant \sqrt{z}\} \\ &= \int_{-\sqrt{z}}^{\sqrt{z}} \frac{1}{\sqrt{2\pi}} \mathrm{e}^{-x^2/2} \mathrm{d}x \\ &= 2\int_{0}^{\sqrt{z}} \frac{1}{\sqrt{2\pi}} \mathrm{e}^{-x^2/2} \mathrm{d}x \end{aligned}$$

故可得到Z的概率密度为

$$\frac{\mathrm{d}}{\mathrm{d}z} F(z) = \frac{2}{\sqrt{2\pi}} \mathrm{e}^{-z/2} \frac{\mathrm{d}}{\mathrm{d}z} \sqrt{z} = \frac{\mathrm{e}^{-z/2}}{\sqrt{2\pi z}} \quad (z > 0)$$

2.4 期望值和方差

为了概括性地说明随机变量 X 更有可能取什么样的值，通常会使用期望值和方差（或者标准差）。设随机变量为 X，$f(x)$为其概率密度。

我们把 X 所能取的值的平均值称为期望值，用 $E[X]$表示。其确切的定义由

$$E[X] = \int_{-\infty}^{\infty} xf(x)\mathrm{d}x$$

给出，其中样本空间为 R。如果将概率密度 $f(x)$看作物质的质量密度，则期望值就相当于物质的重心。此外，随机变量 X 由函数 g：$R \to R$ 转换的 $g(X)$ 的期望值如下式①：

$$E[g(X)] = \int_{-\infty}^{\infty} g(x)f(x)\mathrm{d}x$$

随机变量 X 的变动幅度可以通过方差来衡量。方差 $V[X]$定义为

$$V[X] = E[(X - E[X])^2] = \int_{-\infty}^{\infty} (X - E[X])^2 f(x)\mathrm{d}x$$

即为与期望值的偏差大小$|X-E[X]|$的平方的期望值。另外，方差的平方根 $\sqrt{V[X]}$ 称为 X 的**标准差**。

随机变量 X 分布在期望值 $E[X]$附近，其离散程度约为标准差。

对于期望值和方差，设 a 和 b 为常量，则以下等式成立。

$$E[aX + b] = aE[X] + b$$

$$V[aX + b] = a^2 V[X]$$

上述这些公式可以根据定义通过计算来验证。

例 2–7 正态分布 $N(\mu, \sigma^2)$的期望值由 μ 给出，方差由 σ^2 给出。当 $X \sim N(\mu, \sigma^2)$时，可得到以下结果。

$$P_{\mathrm{r}}(| X - E[X] | \leqslant \sqrt{V[X]}) \approx 0.682$$

$$P_{\mathrm{r}}(| X - E[X] | \leqslant 2\sqrt{V[X]}) \approx 0.954$$

在 95%或更高概率的情况下，该值取自期望值到标准偏差的大约两倍的范围内。

假设在靠近随机变量的期望值的区域，有从 $E[X]-\sqrt{V[X]}$ 到 $E[X]+\sqrt{V[X]}$ 的区间称为一西格玛（1σ）区间，从 $E[X]-2\sqrt{V[X]}$ 到

① 明确地显式求取期望值的随机变量 $X \sim P$ 也可以写为 $EX[g(X)]$。

$E[X]+2\sqrt{V[X]}$ 的区间称为二西格玛（2σ）区间。类似地，也定义了三西格玛（3σ）区间。在正态分布中，约 2/3 的数据落在一西格玛区间，绝大多数数据（约 95%）落在二西格玛区间内。

在 Python 中，由概率分布生成数据的函数由 np.random 和 scipy.stats 提供。经常用于生成样本的函数如下：

1）np.random.normal(loc=0.0,scale=1.0,size=None)

正态分布，选项是期望值 loc、标准偏差 scale 和样本数 size。

2）np.random.uniform(low=0.0,high=1.0,size=None)

均匀分布，选项是最小值 low、最大值 high 和样本数 size。

3）np.random.randn(d0,d1,d2,⋯)

标准正态分布（期望值为 0 且方差为 1 的正态分布）。将标准正态分布的样本存储在大小为(d0,d1,d2,⋯)的数组中。

4）np.random.rand(d0,d1,d2,⋯)

在区间[0,1]上的均匀分布。区间[0,1]上均匀分布的样本存储在大小为(d0,d1,d2,⋯)的数组中。

另外，scipy.stats 可用于计算各种分布的概率密度函数、分布函数和分位点。例如，正态分布的密度函数可以用 sp.stats.norm.pdf 得到，分布函数可以利用 sp.stats.norm.cdf 得到。

下面尝试将例 2-7 所示的 $P_r(|X-E[X]|\leqslant\sqrt{V[X]})$ 及 $P_r(|X-E[X]|\leqslant 2\sqrt{V[X]})$ 的值通过数据进行近似的计算。

```
>>># 生成 100 个服从期望值为 1，标准差为 2 的正态分布的数据
>>> x = np.random.normal(1,2,100)
>>> x.mean()                    # 计算数据的平均值。与 np.mean(x)一样
0.77677364100420609

>>> x.std()                     # 计算数据的标准差。与 np.std(x)一样
1.9614671543482829

>>># 为 |x-E[x]|≤sd(x)的数据的占比
>>> np.mean(np.abs(x - np.mean(x)) <= np.std(x))
0.6800000000000005

>>># 数据为|x-E[x]|≤2*sd(x)的占比
>>> np.mean(np.abs(x-np.mean(x)) <= 2*np.std(x))
0.9599999999999996
```

也可以通过增加数据量来提高准确性。

2.5 分位点

本节介绍概率分布中的分位点。假设一维随机变量 X 服从概率分布 P，此时满足 $P_r(X \leqslant y)=\alpha$ 且 $0 \leqslant \alpha \leqslant 1$ 的实数 y 称为分布 P 的 α 分位点（或 α 点）[见图 2.3（a）]。此外，上 α 分位点（或上 α 点）定义为满足

$$P_r(X > y) = \alpha$$

的 $y \in R$ 的值。因此，上 α 分位点与 $1-\alpha$ 分位点重合。

标准正态分布 $N(0,1)$的上 α 分位点表示为 z_α [见图 2.2（b）]。在 Python 中，可以使用 sp.stats.norm.ppf 计算正态分布的分位点。由此，可以得到 z_α 的值。

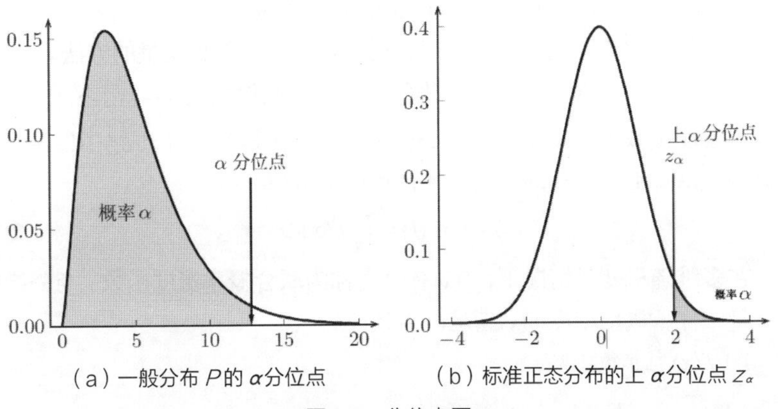

（a）一般分布 P 的 α 分位点　（b）标准正态分布的上 α 分位点 z_α

图 2.3　分位点图

```
>>> from scipy.stats import norm                # 使用 sp.stats.norm
>>> sp.stats.norm.ppf(0.7)                      # N(0,1)的 0.7 分位点
0.52440051270804067

>>> sp.stats.norm.ppf(0.7,loc=1,scale=2)        # N(1,2**2) 的 0.7 分位点
2.0488010254160813

>>> alpha = 0.05
>>> sp.stats.norm.ppf(1 - alpha)                # N(0,1)的上 0.05 分位点
1.6448536269514722
```

从正态分布的概率密度函数的对称性来看，当 $X \sim N(0, 1)$时，设 $0<\alpha<1$，则对于上 $\alpha/2$ 分位点 $z_{\alpha/2}$，有下式成立：

$$P_r(|X|>z_{\alpha/2})=\alpha$$

$$P_r\left(|X|\leqslant z_{\alpha/2}\right)=1-\alpha$$

因为在正态分布中 $P_r(|X|>z_\alpha)=P_r(|X|\geqslant z_\alpha)$等成立，所以是否包含等号并没有区别。

2.6 多维随机变量

本节介绍如何处理两个或多个随机变量，即多维随机变量。研究两个或多个随机变量之间的关系在实践中是非常重要的。例如，假设有以下情况。

1）体检结果与是否生病之间的关系。

2）A 公司的股价与 B 公司的股价之间的关系。

为了解决此类问题，本节将解释说明描述多维随机变量的方法。

设 $X=(X_1,\cdots,X_n)$ 是一个 n 维随机变量。假设变量 $x=(x_1,\cdots,x_n)\in R^n$ 的概率密度函数为 $f(x)=f(x_1,\cdots,x_n)$[①]，那么 X 取集合 $A\subset R^n$ 中的某个值的概率 $P_r(X\in A)$为下式的 $f(x)$在 A 区域的积分值。

$$P_r(X\in A)=\int_A f(x)\mathrm{d}x \tag{2.2}$$

在多维随机变量情况下，$f(x)$有时也称为**联合概率密度函数**。与一维随机变量一样，概率密度 $f(x)$满足以下条件。

1）$f(x)$为非负函数。

2）$\int_{R^n} f(x)\mathrm{d}x=1$。

反之，由满足上述两个条件的函数 $f(x)$，可以根据式（2.2）得到概率的定义。

下面考虑二维随机变量 $X=(X_1,X_2)$ 的情况，三维及以上情况也同样适用。设随机变量 (X_1,X_2) 的概率密度为 $f(x_1,x_2)$。(X_1,X_2) 在矩形$[a,b]\times[c,d]$的范围内取值的概率如下：

$$P_r(a\leqslant X_1\leqslant b,c\leqslant X_2\leqslant d)=\int_a^b\left[\int_c^d f(x_1,x_2)\mathrm{d}x_2\right]\mathrm{d}x_1$$

① 向量用粗体表示为 $\boldsymbol{x}$，元素用相同的字母（x_1, $\cdots$, x_n）表示。

关注点仅仅在 X_1 上。

由于有公式

$$P_r(a \leqslant X_1 \leqslant b) = P_r(a \leqslant X_1 \leqslant b, -\infty < X_2 < \infty)$$

成立，则可以得到概率 $P_r(a \leqslant X_1 \leqslant b)$ 如下：

$$P_r(a \leqslant X_1 \leqslant b) = \int_a^b \left[\int_{-\infty}^{\infty} f(x_1, x_2) \mathrm{d}x_2 \right] \mathrm{d}x_1$$

因此 X_1 的概率密度函数 $f_1(x_1)$ 由下式

$$P_r(-\infty \leqslant X_1 \leqslant x_1) = \int_{a-\infty}^{x_1} \left[\int_{-\infty}^{\infty} f(z_1, x_2) \mathrm{d}x_2 \right] \mathrm{d}z_1$$

可得如下表达式：

$$f_1(x_1) = \int_{-\infty}^{\infty} f(x_1, x_2) \mathrm{d}x_2$$

同样，对于 X_2 的概率密度函数 $f_2(x_2)$，可由下式给出：

$$f_2(x_2) = \int_{-\infty}^{\infty} f(x_1, x_2) \mathrm{d}x_1$$

上述公式中的 $f_1(x_1)$ 和 $f_2(x_2)$ 称为 $f(x_1, x_2)$ 的**边缘概率密度函数**。可以使用边缘概率密度进行仅依赖于 X_1 或 X_2 某一个变量的概率计算。实际上，使用边缘概率密度，概率 $P_r(a \leqslant X_1 \leqslant b)$ 可以表示为下式：

$$P_r(a \leqslant X_1 \leqslant b) = \int_a^b f(x_1) \mathrm{d}x_1$$

多维随机变量的期望值定义为每个元素的期望值，即对于 $X=(X_1, X_2)$，设有：

$$E[X] = \begin{pmatrix} E[X_1] \\ E[X_2] \end{pmatrix}$$

其中，X_1 和 X_2 的期望值使用边缘概率密度分别表示为

$$E[X_1] = \int_{-\infty}^{\infty} \int_{-\infty}^{\infty} x_1 f(x_1, x_2) \mathrm{d}x_1 \mathrm{d}x_2 = \int_{-\infty}^{\infty} x_1 f_1(x_1) \mathrm{d}x_1$$

$$E[X_2] = \int_{-\infty}^{\infty} \int_{-\infty}^{\infty} x_2 f(x_1, x_2) \mathrm{d}x_1 \mathrm{d}x_2 = \int_{-\infty}^{\infty} x_2 f_2(x_2) \mathrm{d}x_2$$

同样，对于具有三个或更高维度的随机变量，可以执行同样的计算。

2.7 独立性

研究多个随机变量之间的关系是应用中的一项重要任务，尤其是独立性是否成立对于统计分析非常重要。独立性是指多个随机变量之间彼此互

不相关。很多的统计推断都是建立在“假设数据是独立观察所得”的基础上进行的。

设随机变量 X 和 Y 的概率密度为 $f(x, y)$，边缘概率密度为 $f_1(x)$ 和 $f_2(y)$。此时，若

$$f(x, y) = f_1(x) f_2(y)$$

且概率密度可以分解为两者的乘积，则随机变量 X 和 Y 是独立的。关于概率，下式成立：

$$P_r(X \in A, Y \in B) = P_r(X \in A) P_r(Y \in B)$$

考虑一个有关离散分布的例子。例如，假设公平地抛掷两次骰子，第一次和第二次抛掷骰子是相互独立的，两次都掷出 1 的概率为 $1/6 \times 1/6 = 1/36$。在独立性成立的情况下，则可以通过乘以单个事件的概率来计算后续事件的概率。

关于独立的随机变量 X 和 Y，有以下公式成立：

$$E[XY] = E[X]E[Y] \tag{2.3}$$

$$V[X+Y] = V[X] + V[Y] \tag{2.4}$$

这些公式是计算概率和统计分析时的基础公式。另外，即使 X 和 Y 不具有独立性，有关求总和的公式

$$E[X+Y] = E[X] + E[Y]$$

是始终成立的（只要期望值存在）。式（2.4）的推导如下：

$$\begin{aligned}V[X+Y] &= E\{[(X-E[X])+(Y-E[Y])]^2\}\\ &= E[(X-E[X])^2] + E[(Y-E[Y])^2] + 2E[(X-E[X])(Y-E[Y])]\\ &= V[X]+V[Y]+2(E[X-E[X]])(E[Y-E[Y]])\\ &= V[X]+V[Y][\text{由方差的定义和式（2.3）推导出的}]\end{aligned}$$

三个或更多个的随机变量 X_1，X_2,…，X_n 的独立性与上述二维随机变量的情况相同。当联合概率密度为 $f(x_1, x_2, \cdots, x_n)$ 时，如果能够利用边缘概率密度 $f_i(x_i)(i=1,\cdots,n)$ 的乘积表示为下式：

$$f(x_1, x_2, \cdots, x_n) = f_1(x_1) f_2(x_2) \cdots f_n(x_n)$$

则 X_1，X_2,…，X_n 是独立的。关于期望值和方差，与二维随机变量的情况相同，有以下公式成立：

$$E[X_1 X_2 \cdots X_n] = E[X_1]E[X_2]\cdots E[X_n]$$

$$V[X_1 + X_2 + \cdots + X_n] = V[X_1] + V[X_2] + \cdots + V[X_n]$$

当数据 X_1，X_2,…，X_n 是由同一个分布独立地获得时，称

“X_1，X_2,⋯，X_n 独立服从同一分布”，写作：

$$X_1, X_2, \cdots, X_n \underset{\text{i.i.d.}}{\sim} P \tag{2.5}$$

式中，P 为概率分布；i.i.d.（independent and identically distributed）为独立同分布。

例 2–8 假设随机变量 $X_1, \cdots, X_n$ 满足式（2.5），并且对于方差，假设下式成立：

$$V[X_i] = \sigma^2 \quad (i = 1, \cdots, n)$$

此时 $X_1, \cdots, X_n$ 的平均值的方差如下式所示。

$$V\left[\frac{1}{n}\sum_{i=1}^{n} X_i\right] = \frac{1}{n^2}\sum_{i=1}^{n} V[X_i] = \frac{n\sigma^2}{n^2} = \frac{\sigma^2}{n}$$

从该表达式可以看出，平均值的方差随着数据量 n 的增加而减小。

2.8 协方差和相关系数

本节探讨如何定量地衡量随机变量。在不存在独立性时，定量地衡量随机变量之间的相关程度的量，即协方差和相关系数。随机变量 X、Y 的协方差 $\mathrm{Cov}[X,Y]$可定义为

$$\begin{aligned}\mathrm{Cov}[X,Y] &= E[(X - E[X])(Y - E[Y])] \\ &= E[XY] - E[X]E[Y]\end{aligned}$$

方差和协方差之间有如下关系表达式成立：

$$V[X+Y] = V[X] + V[Y] + 2\mathrm{Cov}[X,Y]$$

根据柯西-施瓦茨不等式，有下式成立（详见参考文献[1]的第 7 章）：

$$(\mathrm{Cov}[X,Y])^2 \leqslant E[(X - E[X])^2]E[(Y - E[Y])^2] = V[X]V[Y]$$

相关系数 $\rho[X,Y]$定义为协方差的归一化量：

$$\rho[X,Y] = \frac{\mathrm{Cov}[X,Y]}{\sqrt{V[X]}\sqrt{V[Y]}}$$

然后，由协方差的不等式，我们可以得到：

$$-1 \leqslant \rho[X,Y] \leqslant 1$$

当 $\rho[X, Y]=1$ 或-1 时，在 X 和 Y 之间的线性方程式 $Y = aX + b$ 成立，其中 a 和 b 是实数。当 $\rho[X, Y]=1$ 时，$a>0$；当 $\rho[X, Y]=-1$ 时，$a<0$。

如果 X 和 Y 是独立的，则协方差和相关系数为 0；反之，即使协方差

和相关系数为 0，随机变量也不一定具有独立性。但是，当(X, Y)服从二维正态分布时，如果协方差为 0，则二者具有独立性。

分别根据协方差为负数、正数和零的分布生成的数据如图 2.4 所示。

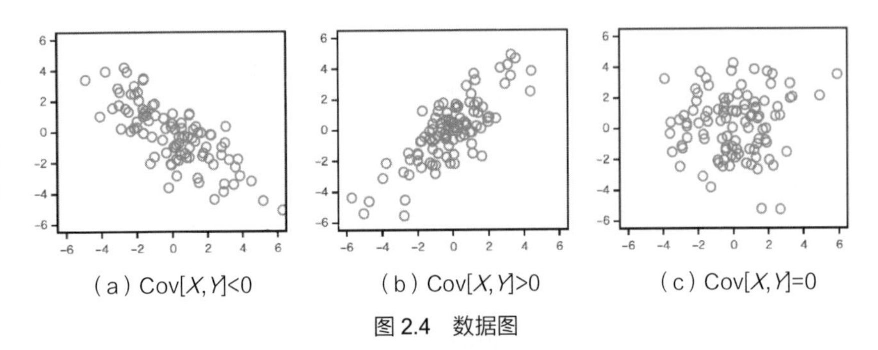

（a）$\mathrm{Cov}[X,Y]<0$　（b）$\mathrm{Cov}[X,Y]>0$　（c）$\mathrm{Cov}[X,Y]=0$

图 2.4　数据图

两个或多个随机变量之间的关系可以用方差-协方差矩阵表示（方差和协方差排列在一起）。对于有两个变量的随机变量，将方差-协方差矩阵 Σ 定义如下：

$$\Sigma = \begin{pmatrix} V[X] & \mathrm{Cov}[X,Y] \\ \mathrm{Cov}[X,Y] & V[Y] \end{pmatrix}$$

图 2.5 显示了数据分布与方差-协方差矩阵之间的关系。

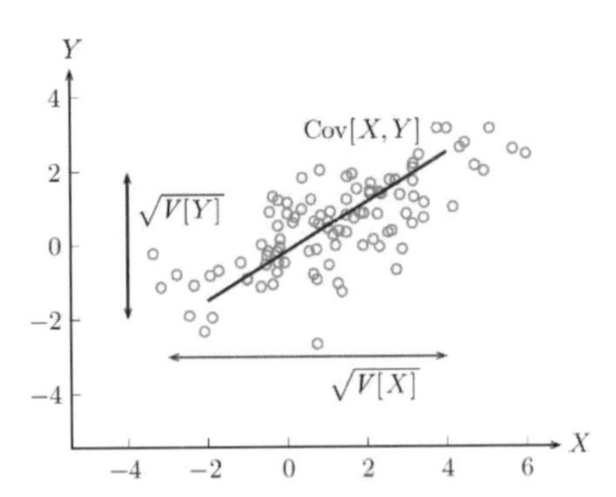

图 2.5　数据分布与方差-协方差矩阵之间的关系

一般来说，d 维随机变量 $Z=(X_1, \cdots, X_d)^{\mathrm{T}}$ 的方差-协方差矩阵由 $d\times d$ 矩阵表示：

$$\Sigma = E[(Z-E[Z])(Z-E[Z])^{\mathrm{T}}]$$

如此，则可以简洁地表达多维随机变量的分布。但是，需要注意的是，有时可能存在即使方差-协方差矩阵一致，分布也不同的情况。

可以使用 NumPy 的 np.cov 和 np.corrcoef 从数据中轻松求得样本的协方差和样本的相关系数。在这些函数中，输入一个大小为（数据维度）×（数据量）的数据矩阵。

```
>>> from sklearn.datasets import load_iris
>>> iris = load_iris()
>>> iris.data.shape            # 数据量，维度
(150,4)

>>># 方差-协方差矩阵（代入数据矩阵的转置）
>>> np.cov(iris.data.T)
array([[0.68569351, -0.03926846, 1.27368233, 0.5169038],
       [-0.03926846, 0.18800403, -0.32171275, -0.11798121],
       [1.27368233, -0.32171275, 3.11317942, 1.29638747],
       [0.5169038 , -0.11798121, 1.29638747, 0.58241432]])

>>># 相关系数矩阵（代入数据矩阵的转置）
>>> np.corrcoef(iris.data.T)
array([[1., -0.10936925, 0.87175416, 0.81795363],
       [-0.10936925, 1., -0.4205161, -0.35654409],
       [0.87175416, -0.4205161, 1., 0.9627571],
       [0.81795363, -0.35654409, 0.9627571, 1.]])
```

Iris 数据图如图 2.6 所示。在图 2.6（a）中，样本的相关系数为 −0.10936925，在图 2-6（b）中，样本的相关系数为 0.87175416。从相关系数的值可以掌握数据的大致的趋势。

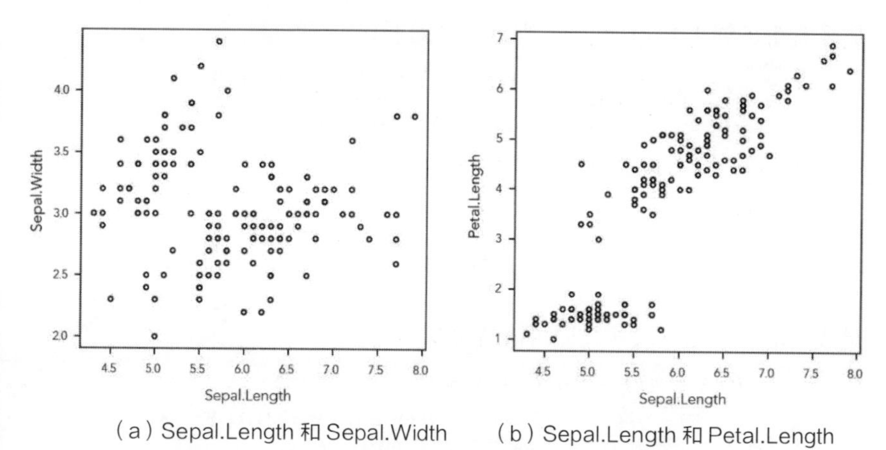

（a）Sepal.Length 和 Sepal.Width （b）Sepal.Length 和 Petal.Length

图 2.6 Iris 数据图

2.9 条件概率和贝叶斯公式

对于随机变量 X、Y 的概率 $P_r(X\in A,\ Y\in B)$，“在 $X\in A$ 的条件下，$Y\in B$”的概率 $P_r(Y\in B|X\in A)$称为**条件概率**，可以表示如下（图 2.7）：

$$P_r(Y\in B\mid X\in A)=\frac{P_r(X\in A,Y\in B)}{P_r(X\in A)}$$

为简单起见，这里设分母不为零。

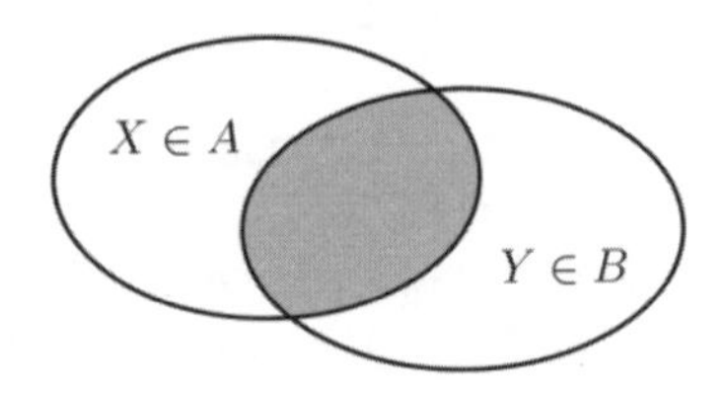

图 2.7　$P_r(Y\in B|X\in A)$：在 $X\in A$ 中，$X\in A$ 且 $Y\in B$ 的概率

同样，可以定义概率密度 $f(x,y)$的条件概率密度。在“$X\in[x,x+\mathrm{d}x]$条件下，$Y\in[y,y+\mathrm{d}y]$的概率”可以通过概率密度表示为下式：

$$\frac{P_r(X\in[x,x+\mathrm{d}x],Y\in[y,y+\mathrm{d}y])}{P_r(X\in[x,x+\mathrm{d}x])}\approx\frac{f(x,y)\mathrm{d}x\mathrm{d}y}{f_1(x)\mathrm{d}x}=\frac{f(x,y)}{f_1(x)}\mathrm{d}y$$

因此，设条件概率密度函数 $f(y|x)$为

$$f(y\mid x)=\frac{f(x,y)}{f_1(x)}$$

那么对于足够小的 $\mathrm{d}x$ 和 $\mathrm{d}y$，则近似得到下式：

$$f(y\mid x)\mathrm{d}y=\frac{P_r(X\in[x,x+\mathrm{d}x],Y\in[y,y+\mathrm{d}y])}{P_r(X\in[x,x+\mathrm{d}x])}$$

如果 $\mathrm{d}x\to 0$，则上式中等号严格成立。

从条件概率的定义来看，下式

$$P_r(X\in A\mid Y\in B)=\frac{P_r(Y\in B\mid X\in A)P_r(X\in A)}{P_r(Y\in B)}\tag{2.6}$$

是成立的。从如下表达式即可清楚得知。

$$\begin{aligned}P_r(X\in A\mid Y\in B)P_r(Y\in B)&=P_r(X\in A,Y\in B)\\&=P_r(Y\in B\mid X\in A)P_r(X\in A)\end{aligned}$$

方程（2.6）称为**贝叶斯公式**。

贝叶斯公式经常应用于数据分析。将 X 视为原因，将 Y 视为结果，则可以做出以下解释。

1）$P_r(Y|X)$：从原因 X 到结果 Y 的关系。

2）$P_r(X|Y)$：查看结果 Y 并推断原因 X。

$P_r(Y|X)$可以通过对实际现象进行适当建模来获得。例如，在医学诊断等应用中，当疾病（X）的症状（Y）已知时，需要根据症状推断是何种疾病。使用贝叶斯公式，可以先求得 $P_r(Y|X)$，然后计算 $P_r(X|Y)$，即可从结果推断原因。

第二部分
统计分析的基础

第 3 章

机器学习的问题设置

本章介绍有关机器学习中的问题设置。机器学习大致可以分为“有监督学习”和“无监督学习”两类。在有监督学习中，通过成对地输入/输出数据，学习输入/输出的函数关系。作为预测未来的信息处理技术，有监督学习非常重要。无监督学习通常侧重于从一般数据中提取其本质性的基本结构，为它们提供易于理解的解释，并将它们与科学发现联系起来。要处理的数据通常仅仅由输入部分组成。机器学习（包括有监督学习和无监督学习的内容）的参考文献为[6] ~ [8]。

3.1 有监督学习

在有监督学习中，通过进行一些设置，以便能够得到输入向量 x 和输出值 y 成对的数据(x, y)。当得到大量这样的数据时，考虑有关如何对输入和输出之间的关系进行推论的问题。根据 y 的取值是离散值（有限集的元素）还是连续值（实数值），分别称之为分类问题和回归分析。

3.1.1 分类问题

使用电子邮箱时，除了收到普通电子邮件外，还可能会收到垃圾邮件。由于可能会接收到大量的垃圾邮件，因此希望能够对邮件进行自动分类，以便仅接收普通邮件。此时，设 x 为邮件正文，y 为普通邮件或垃圾邮件。这里，x 通常是将邮件语句中包含的单词的频率信息进行向量化处理。为简单起见，y 取值为+1 或−1，+1 为普通邮件，−1 则为垃圾邮件。在分类问题中，输出的 y 称为标签。接收邮件 x 及设置标签 y 的问题可以理解为分类问题的一个用例。由于一个标签可以取两种类型的值，因此其又称为二值分类。

作为分类问题的另外一个例子是识别手写字符。在这里思考一个有关读取数字 0, 1, …, 9 的问题。假设手写字符 x 是以适当的灰度图像数据的形式获得的，令该图像对应于某个数字 y（手写的数字字符见图 3.1）。当得到这样的数据时，由新的图像 x 对应设置标签 y 的问题也是一种分类问题。自动读取邮政编号等问题也可以认为是此类问题。此时，有 10 种标签候选。标签存在三个及以上可能的值的分类问题称为多值分类。

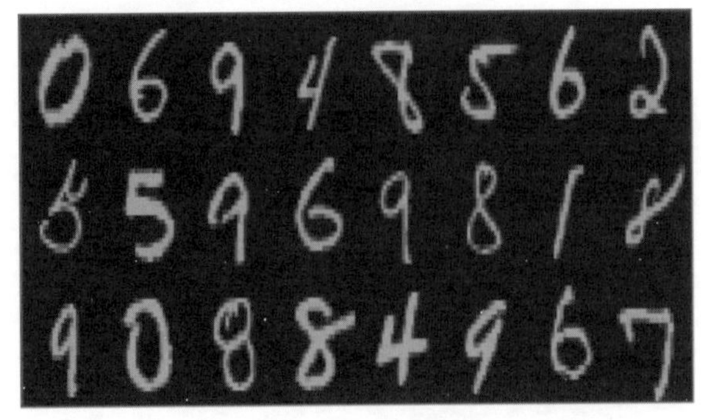

图 3.1 手写的数字字符

下面将问题公式化。设 X 为输入集，Y 为标签集，其中 Y 是有限集。从数据 (x_1, y_1), $\cdots$,$(x_m, y_m)\in X\times Y$ 中学习输入 x 和标签 y 的关系并预测 x 的标签 y 的问题称为判别分析（二值分类示例见图 3.2）。

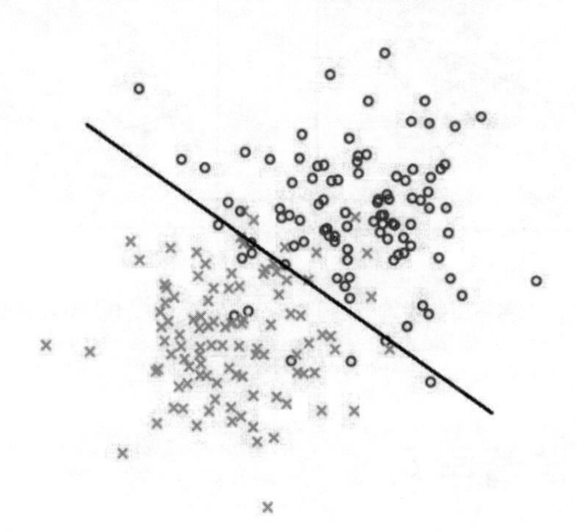

图 3.2　二值分类示例（数据图和学习得到的分类边界）

关于数据生成过程，可以根据实际问题做出各种假设。首先假设数据 (x_i, y_i)服从同一分布，并且随机变量互相独立，未来的数据(x, y)同样服从相同的分布。通过数据学习函数 $h: X\to Y$, x 的标签由 $h(x)$预测。判别分析的主要目标是得到能够使预测值有很高的概率匹配 x 的标签 y 的函数 h。在本书中，第 10 章的支持向量机、第 12 章的集成学习和第 13 章的高斯过程模型等均会涉及分类问题。

3.1.2　回归分析

在回归分析中，与分类问题一样，我们将思考输入和输出成对的 (x, y) 作为数据所能够得到的状况。在这里，设输出值 y 为实数。此时的目标是对于 $x\in X$ 的值，应该尽可能准确地预测 $y\in R$ 的值（回归分析示例见图 3.3）。

在回归分析中，标准方法是最小二乘法，经常用作统计模型的有线性模型和非线性模型。对于复杂数据的预测问题，经常使用非线性模型中的神经网络模型。另外，还可以使用具有函数自由度的非参数模型。本书将在第 8 章中解释说明回归分析的基础知识。此外，在第 11 章中的稀疏学习、第 13 章的高斯过程模型及第 14 章的密度比估计等中将涉及回归分析的问题。

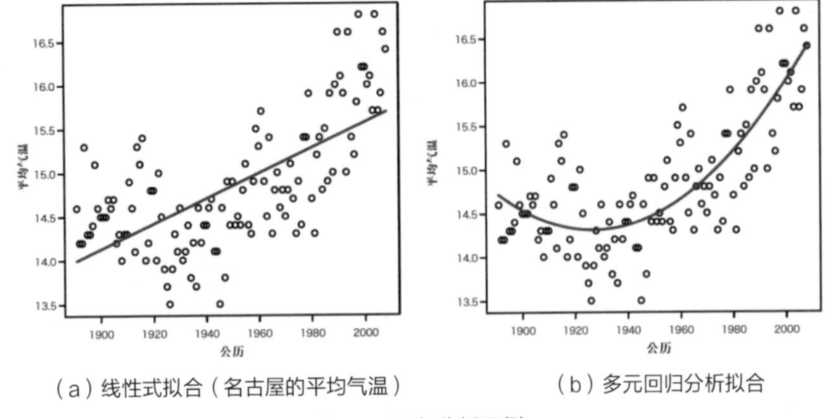

（a）线性式拟合（名古屋的平均气温）　（b）多元回归分析拟合

图 3.3　回归分析示例

3.2 无监督学习

没有输出标签 y，只是观测作为数据的输入 x，并根据这些信息进行统计推断称为**无监督学习**。无监督学习通常包含特征提取和分布估计。

3.2.1 特征提取

本小节将特征提取作为无监督学习的一个例子。当观测到数据 x 时，在分类问题和回归分析的预处理过程中，存在一个从数据中提取特征的过程。以下方法可以看作广义上的特征提取：降维、变量选择、聚类。

下面对上述各内容进行简单的说明。

降维是指将高维数据 x 映射到低维，同时尽可能保留原始信息。利用了线性变换的主成分分析和正相关分析通常应用于实际数据的分析。通过将数据映射到更低的维度，可以提高计算效率。如果能在降维过程中适当地去除噪声，则预测准确度有希望得到提高。

变量选择与降维类似，是一种在尽可能不丢失信息的情况下，恰当地从高维数据 x 中提取必要元素的方法。在降维过程中会将多个元素通过线性函数等进行组合和转换，但在变量选择中只是选择一些元素。但是，变量选择相比于降维更加容易进行解释。在基因数据分析中可以观测到大量基因的状态，从这些数据中恰当地提取重要元素（因素）对科学发现具有重要作用。

聚类是一种将数据划分为多个团块（聚簇）的统计方法（见图 3.4）。

假设数据不是均匀分布，而是可以分成几个聚簇的形式。则识别聚簇结构有助于加深对数据分布的理解，提高预测的准确性。例如，对于网络上的文本数据，可以根据其所包含的词语出现的频率信息等，按照主题进行分类。以这种方式根据内容对数据进行分类，对于信息检索是非常有用的。

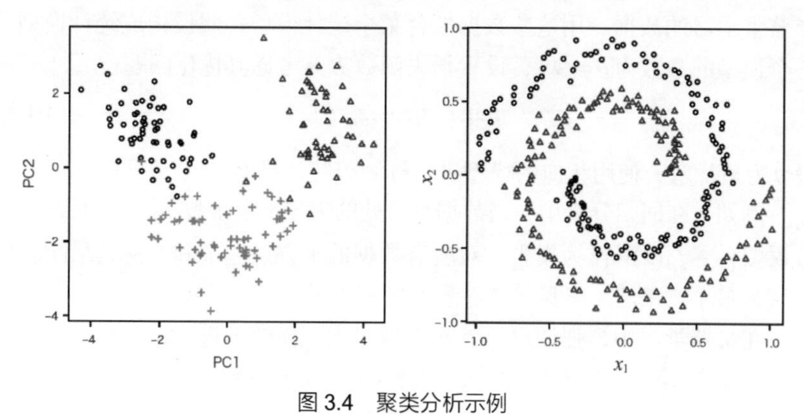

图 3.4　聚类分析示例

本书第 5 章主要介绍通过线性变换进行特征提取的方法，聚类方法将在第 9 章解释说明，第 11 章将介绍利用稀疏性的变量选择方法。

3.2.2　分布估计

当观测到数据 $x_1, \cdots, x_n$ 时，估计所产生的数据的分布问题称为分布估计。即使是有监督学习，将(x, y)换成 x，通常也归结为对概率分布进行估计的问题。然而，相较于通过输入预测输出，在分布估计中通常更加侧重于更好地理解数据背后的随机结构及与之相关的科学发现。

例如，对于从地震发生地点的分布中识别活动断层位置的问题，基于分布估计的概念构建了机器学习算法；又如，估计宇宙中散布星系的分布和加深对大尺度结构的理解的应用。

由于机器学习中包含各种问题设置，因此分布估计广泛应用于各个领域。本书第 6 章主要介绍了如何使用典型的统计模型进行分布估计。

3.3　损失函数的最小化和机器学习算法

根据统计分析的目的和数据类型的不同，人们提出了各种机器学习算法，其中有许多可以表述为“最小化损失函数”，也可以表述为“统计决策理论”，是统计学中的一般理论框架。

下面解释使用**损失函数**的学习框架。假设有数据 $z_1, \cdots, z_n$，在这里，z_i 通常是有监督学习或无监督学习的数据；有时也存在两者混合的情况，即半监督学习的数据。用这些数据拟合某个统计模型，假设构成统计模型的各个模型的参数为 $\theta \in \Theta$[①]，设置损失函数 L 并考虑其优化问题：

$$\min_{\theta \in \Theta} L(z_1, \cdots, z_n; \theta) \tag{3.1}$$

设 $\hat{\theta}$ 为最优解，使用相应的模型进行预测等统计推断。

例如，在回归分析中，当数据点 x 处的输出 y 由函数 $f_\theta(x)$ 估计时，平方误差 $[y - f_\theta(x)]^2$ 作为损失。对所有数据的平方误差求和并使其最小化的方法为最小二乘法（参见第 4 章和第 8 章）。

在机器学习中，强调尽可能高效地对大规模数据进行最优化计算。凸性在优化方法中尤其重要，如果式（3.1）是关于参数 θ 的凸函数，则可以找到全局最优解而不必担心局部解的存在（图 3.5）。

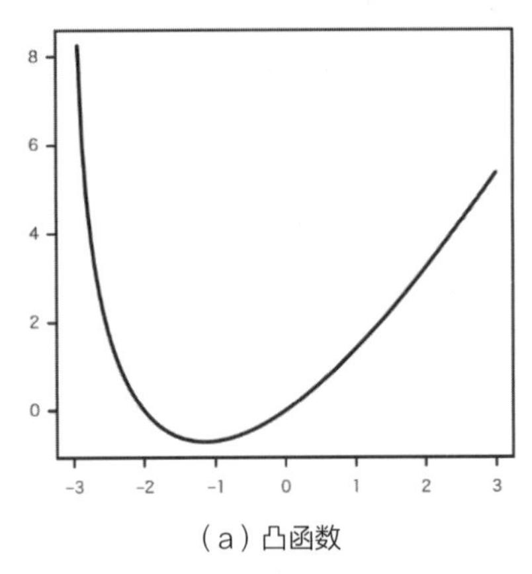

（a）凸函数

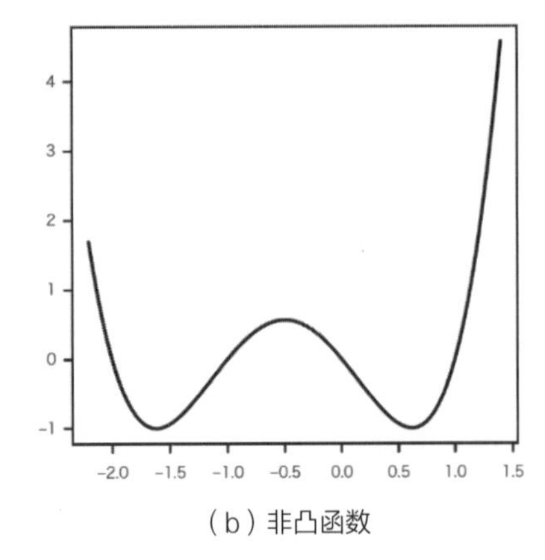

（b）非凸函数

图 3.5　函数的形状

Python 语言中实现了通用的用于优化问题的 scipy.optimize 模块，可以使用该模块对用户定义的函数进行最优化，开发许多能够充分利用问题所特有的特征的有效的学习算法。

① 例如，在回归分析中，统计模型是函数的集合 $\{f_\theta(x): \theta \in \Theta\}$，模型是指各个 f_θ。在这里，Θ 是统计模型的参数集合。

第 4 章

统计准确度的评估

本章介绍如何评估机器学习算法的统计准确性。首先介绍训练误差与测试误差的区别，训练误差反映对观测数据的拟合程度，测试误差则反映对未来的数据进行预测的准确性；其次解释通过观测数据估计测试误差的交叉验证方法。此外，本章还将简要介绍在分类问题和排名问题中使用的ROC曲线和AUC方法。

运行本章中的程序，需要加载以下软件包。由于本章使用决策树作为机器学习算法的示例，因此将从sklearn.tree 模块中加载 DecisionTreeRegressor。

```
>>> import numpy as np
>>> import scipy as sp
>>> import matplotlib.pyplot as plt
>>> from sklearn.tree import DecisionTreeRegressor
```

4.1 损失函数及训练误差/测试误差

当一个参数为 θ 的统计模型应用于数据 z 时，设损失函数为 $\ell(z;\theta)$。有时也简称为**损失**。例如，当用 $\theta\in R$ 逼近数据 $z\in R$ 时，通常使用**平方误差**

$$\ell(z;\theta)=\frac{1}{2}|z-\theta|^2$$

作为损失。

在有监督学习中，可以认为对于数据 $z=(x,y)(y\in R)$，将 x 变换得到的 $h(x)$越接近 y，则损失越小是合理的。由此，下式

$$\ell[(x,y);h]=\frac{1}{2}|h(x)-y|^2$$

通常作为函数 h 的损失。根据数据特性的不同，使用不同的损失函数。例如，如果认为数据包含离群值，则经常使用如下**绝对误差**：

$$\ell[(x,y);h]=|h(x)-y|$$

在分类问题中，其目标往往是准确得到输出 y，因此对于数据 (x,y)，经常用到 **0-1 损失**，如下：

$$\ell[(x,y);h]=I[y\neq h(x)]=\begin{cases}1, & h(x)\neq y\\0, & h(x)=y\end{cases}$$

式中，$I[A]$为**指示函数**，如果命题 A 为真，则取 1；如果命题 A 为假，则取 0。

在无监督学习中，需要根据问题的设置及目标适当地设计损失函数。例如，考虑将数据投影到低维子空间的降维问题，可以认为原始的点 $z\in R^d$ 与投影的点 $h(z)\in R^d$ 之间的误差越小，则信息损失越小。典型的降维方法中的主成分分析方法，利用了下式由向量 z 和 $h(z)$之间的距离所确定的平方损失函数[①]：

$$\ell(z,h)=\frac{1}{2}\|h(z)-z\|^2$$

当假设概率密度 $p(z;\theta)$ 为数据 z 的统计模型时，存在将**对数损失**（负对数似然）$\ell(z;\theta)=-\log p(z;\theta)$ 视作损失函数的情况，这相当于极大似然

---

① 对于向量 $\boldsymbol{a}=(a_1,\cdots,a_d)$，设 $\|\boldsymbol{a}\|^2=\boldsymbol{a}^{\mathrm{T}}\boldsymbol{a}=\sum_{i=1}^{d}a_i^2$。

估计方法。在数据 z 中，$p(z;\theta)$ 的值越大，对数损失越小。如果统计模型服从正态分布 $N(\theta,\sigma^2)(\theta\in R,\sigma^2>0)$，且方差 σ^2 为已知的常量，则对数损失与参数 θ 的平方损失一致。

由参数 θ 指定的模型的平均损失，可以通过数据分布 P 的如下式所示的期望值求得。

$$E_{z\sim P}[\ell(z;\theta)]=\int\ell(z;\theta)p(z)\mathrm{d}z \tag{4.1}$$

这称为**测试误差**或**预测误差**。在许多问题中，我们的目标是找到最小化测试误差的参数和模型。然而，由于 P 是未知的，因此不可能仅通过数据由式（4.1）计算。因此，作为测试误差的近似值，考虑用如下所示的**训练误差**：

$$\frac{1}{n}\sum_{i=1}^{n}\ell(z_i;\theta) \tag{4.2}$$

训练误差又称为**学习误差**，这里假设使训练误差最小化的参数近似于最小化测试误差参数。

绘制以参数 θ 为函数的测试误差和训练误差。当数据 z 由正态分布 $N(0,1)$生成时，期望值由参数 θ 估计。基于平方损失的测试误差如下：

$$E\left[\frac{1}{2}(z-\theta)^2\right]=\frac{1+\theta^2}{2}$$

如图 4.1 所示，数据量为 20，以 10 组数据绘制训练误差。

```
>>> par = np.linspace(-3,3,50)                        # 参数范围
>>> te_err = (1+par**2)/2                             # 测试误差

>>> # 绘制测试误差
>>> for i in range(10):
...     z = np.random.randn(20)                       # 生成数据
...     # 训练误差
...     trerr = np.mean(np.subtract.outer(z,par)**2/2, axis=0)
...     plt.plot(par,trerr,'b--',linewidth=2)    # 绘制训练误差

>>> plt.xlabel("par")
>>> plt.ylabel("training/test errors")
>>> plt.plot(par, te_err,'r-',linewidth=4)       # 绘制测试误差
>>> plt.show()                                        # 显示
```

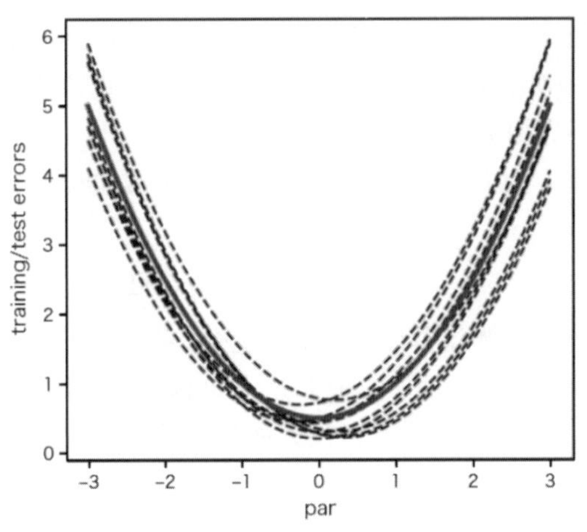

图 4.1　测试误差（实线）和训练误差（虚线）

目的是找到使图 4.1 中的函数（实线）最小化的参数。由数据计算所得的函数（虚线）近似并进行最小化处理。执行示例中的 np.outer，默认为计算向量的外积。一般外积是乘法运算，但通过执行 np.subtract.outer 操作，可以将乘法替换为其他运算（在此示例中为减法），见表 4.1。

表 4.1　能够利用 np.ufunc.outer 进行的运算

ufunc	add	subtract	multiply	divide	maximum	minmum
运算	加法	减法	乘法	除法	最大值	最小值

仅通过最小化训练误差获得的模型可能无法得到高预测准确度，特别是当假设模型的维数很大时，训练误差和测试误差之间的差异变大。为了应对这种情况，在机器学习和统计学领域中开发了各种技术，如正则化、交叉验证法、特征选择、降维及假设检验等。在后面的章节中，将具体针对每个问题设置解释各种学习方法。

4.2　测试误差的估计：交叉验证法

学习算法时会用到各种调优参数，只有恰当地选择这些参数，才能实现高预测准确度。因此，需要针对每个调优参数估计所训练模型的测试误差。调优参数包括正则化参数、统计模型的维度、基函数的数量及调整基函数形状的参数等，具体示例将在第 8、10 和 11 章中讨论。

下面讨论问题设置。假设学习算法 A 包含调优参数 λ。A 接收的数据为 $D=\{z_1, \cdots, z_n\}$，并输出模型 h。这一过程可表示为:

$$h = A(D;\lambda)$$

该测试误差为

$$E_z[\ell(z,h)] = E_z\{\ell[z, A(D;\lambda)]\}$$

假设数据 D 也是独立于分布 P 生成的，由于测试误差取决于训练数据 D，取训练数据的分布的期望值，并且 $\mathrm{Err}(A;\lambda)$定义如下：

$$\mathrm{Err}(A;\lambda) = E_D\left(E_z\{\ell[z, A(D;\lambda)]\}\right)$$

式中，$\mathrm{Err}(A;\lambda)$为当数据量为 n，分布为 P 时，学习算法 A 在调优参数为 λ 时的平均损失。

通过选择最小化 $\mathrm{Err}(A;\lambda)$的 λ 来训练模型，并且获得合适的结果。

如果可以估计每个关于 λ 的 $\mathrm{Err}(A;\lambda)$值，则可以通过选择最小化该值的 λ 来获得测试误差较小的模型。这里解释一下**交叉验证法**，这是一种用于此目的的方法。

在 $\mathrm{Err}(A;\lambda)$中，用于训练模型的数据 $D=\{z_1, \cdots, z_n\}$和用于评估测试误差的数据 z 是相互独立生成的。通过模拟这种情况，从训练数据中估计出 $\mathrm{Err}(A;\lambda)$。首先，将数据 D 分成 K 组，每组中的数据量应该大致相同。为简单起见，令 n 可被 K 整除，并令 $n/K=m$。令划分后的数据为

$$D_1 = \{z_1, \cdots, z_m\}$$

$$D_2 = \{z_{m+1}, \cdots, z_{2m}\}$$

$$\vdots$$

$$D_K = \{z_{n-m+1}, \cdots, z_n\}$$

如果数据生成的顺序有偏差，则随机划分。设

$$D^{(k)} = D / D_k (k = 1, \cdots, K)$$

为从 D 中去除 D_k 得到的数据集。当用算法 A 训练模型时，只用 $D^{(k)}$得到如下表达式：

$$h_{\lambda,\ k} = A(D^{(k)}, \lambda)$$

对于未用于训练的数据 D_k，则通过如下损失均值

$$\mathrm{Err}(h_\lambda, k) = \frac{1}{m}\sum_{z\in D_k} \ell(z, h_\lambda, k)$$

来近似测试误差 $E_z[\ell(z,h_\lambda,k)]\,E_z[\ell(z, h_\lambda, k)]$。当 $k=1, \cdots, K$ 时，得到 Err $(A;$

λ)的估计值 $\mathrm{Err}(A,\lambda)$ 的计算如下：

$$\mathrm{Err}(A;\lambda)=\frac{1}{K}\sum_{k=1}^{K}\mathrm{Err}(h_\lambda,k)$$

这里称为**验证误差**。由于每个 $\mathrm{Err}(h_\lambda,k)$ 都可以独立地进行计算，因此并行化可提高计算效率。众所周知，如果数据量 n 足够大，则验证误差 $\mathrm{Err}(A,\lambda)$ 与 $\mathrm{Err}(A;\lambda)$极为近似。图 4.2 总结了上述计算过程。

■ *K* 折交叉验证法

训练的方法和损失：算法 A 中调优参数为 λ，损失为 $\ell(z,h)$。

输入：数据 $z_1,\cdots,z_n$。

步骤 1　将数据分成 $D_1,\cdots,D_K$ 的 K 组，每组具有几乎相同数量的元素。

步骤 2　设 $k=1,\cdots,K$，重复下面的步骤。

（a）计算 $h_{\lambda,k}=A(D^{(k)},\lambda)$。其中 $D^{(k)}=D/D_k$。

（b）计算 $\mathrm{Err}(h_\lambda,k)=\frac{1}{m}\sum_{z\in D_k}\ell(z,h_\lambda,k)$。

步骤 3　计算并输出 $\mathrm{Err}(A;\lambda)=\frac{1}{K}\sum_{k=1}^{K}\mathrm{Err}(h_\lambda,k)$。

图 4.2　*K* 折交叉验证法的计算过程（当训练算法 *A* 的调优参数为λ时，估计并输出测试误差的期望值 $\mathrm{Err}(A;\lambda)$）

下面展示一个根据决策树估计回归函数的示例。有关回归分析的更详细的内容，请参见第 8 章。当观测到数据 $(x_1,y_1),\cdots,(x_n,y_n)\in R\times R$ 时，用于预测输出值 y 的模型 $h(x)$由决策树进行估计。令 λ 为决策树的深度，使用 sklearn.tree 中的 DecisionTreeRegressor 进行估计。

```
>>> n = 100; K = 10
>>> # 生成数据
>>> x = np.random.uniform(-2,2,n)        # 在区间[-2,2]上均匀分布
>>> y = np.sin(2*np.pi*x)/x + np.random.normal(scale=0.5,size=n)

>>> # 数据分组
>>> cv_idx = np.tile(np.arange(K), int(np.ceil(n/K)))[:n]
>>> maxdepths = np.arange(2,10)          # 决策树深度的取值范围
>>> cverr = np.array([])
>>> for mp in maxdepths:
...     cverr_lambda = np.array([])
...     for k in range(K):
```

```
...         tr_idx = (cv_idx!=k)
...         te_idx = (cv_idx==k)
...         cvx = x[tr_idx]; cvy = y[tr_idx]          # 为 CV 划分数据
...         dtreg = DecisionTreeRegressor(max_depth=mp)
...         dtreg.fit(np.array([cvx]).T, cvy)          # 通过决策树估计
...         ypred = dtreg.predict(np.array([x[te_idx]]).T) # 预测
...         # CV 误差的计算
...         cl = np.append(cverr_lambda,np.mean((y[te_idx]-ypred)**2/2))
...     cverr = np.append(cverr, np.mean(cl))

>>> plt.scatter(maxdepths, cverr)                      # 绘制 CV 误差图
>>> plt.show()
```

图 4.3（a）所示为验证误差，该数据集中的最优调参参数为 max_depth = 5，估计得到的回归函数如图 4.3（b）所示。将 max_depth 设置为其他值，则会略微降低预测准确度。

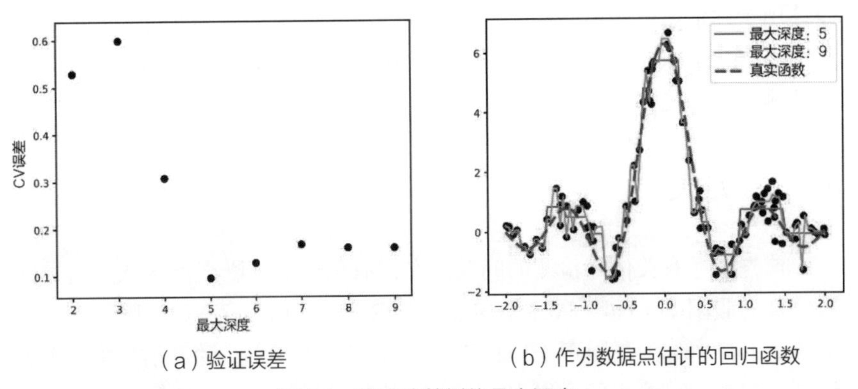

（a）验证误差　　（b）作为数据点估计的回归函数

图 4.3　确定决策树的最大深度

绘图的代码如下：

```
>>> # 生成数据
>>> n = 100                           # 数据量
>>> x = np.random.uniform(-2,2,n)     # 在区间[-2,2]上均匀分布
>>> y = np.sin(2*np.pi*x)/x + np.random.normal(scale=0.5,size=n)
>>> tx = np.linspace(-2,2,100)        # 预测点
>>> maxdepths = np.array([5,9])       # 决策树的深度：5 或者 9
>>> for mp in maxdepths:
...     dtreg = DecisionTreeRegressor(max_depth=mp)
...     dtreg.fit(np.array([x]).T, y)    # 通过决策树估计
...     ypred = dtreg.predict(np.array([tx]).T)  # 预测
```

```
...     # 预测值的图
...     plt.plot(tx,ypred,lw=1,label='max_depth: '+str(mp))

>>> # 真实函数的图
>>> plt.plot(tx,np.sin(2*np.pi*tx)/tx,'r--',lw=2,label='true function')

>>> # 数据点的图
>>> plt.scatter(x,y,c='k')
>>> plt.legend()
>>> plt.show()
```

4.3 ROC 曲线和 AUC 方法

ROC（Receiver Operation Characteristic，受试者工作特征）曲线最初被设计用于评估通信中信号检测的准确性。本节首先说明 ROC 曲线和 AUC（Area Under the Curve，ROC 曲线下面积）的定义，之后讨论 AUC 和分类器的测试误差之间的关系。

4.3.1 定义

首先思考有关信号检测的问题。在没有信号时，噪声被误认为信号的概率称为**假阳率**（False Positive Rate，FPR）；在信号存在时，噪声被正确检测到的概率称为**真阳率**（True Positive Rate，TPR）。随着信号检测器灵敏度的增加，检测出信号出现（正）的趋势是增加的，因此假阳率和真阳率都会增加，最终都收敛到 1。另外，随着灵敏度的降低，这两个概率都收敛到 0。如果变更不同的灵敏度绘图（FPR、TPR），横轴为假阳率，纵轴为真阳率，如图 4.4 所示，可以绘制出连接(0, 0)和(1, 1)的曲线，该曲线称为 **ROC 曲线**。

对于 ROC 曲线，横轴的值越小，纵轴的值越大，从信号检测的观点来看这样是越优选的。因此，最优 ROC 曲线是用一条直线连接(0, 0)、(0, 1)、(1, 1)的图形。**AUC** 是用于衡量与最佳 ROC 曲线的接近程度的方法，定义为 ROC 曲线下侧的面积（见图 4.4）。

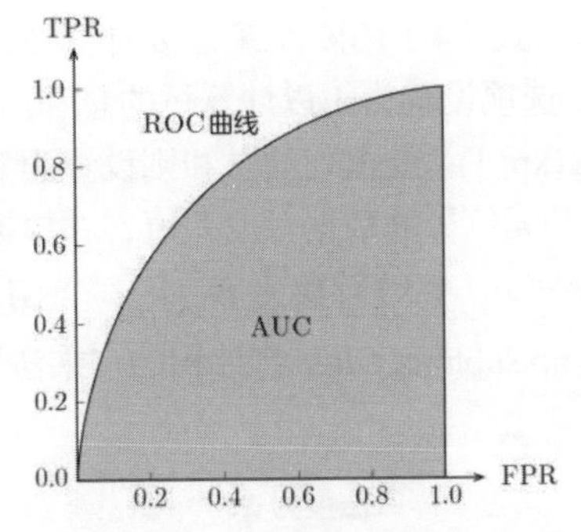

图 4.4 ROC 曲线与 AUC

下面介绍AUC的计算方法。在观测数据 x 时，如果函数 $F(x)$ 满足 $F(x)\geqslant c$，则判断为存在信号。设 $P+$ 为存在信号时的数据分布，$P-$ 为无信号时的分布，则可以得到下式：

$$\mathrm{AUC}=E_{X\sim P_+,X'\sim P_-}[I[F(X)\geqslant F(X')]] \tag{4.3}$$

在这个式子中，AUC 通常作为将来自分布 P_+ 的样本排在来自分布 P_- 的样本前面的评估量表使用，适用于信息检索等方面，如通过查询操作在网络上找到恰当的文档等。

下面通过数据检验式（4.3）。设信号是如下二维数据：

$$X\sim N_2(0,I_2),\ X'\sim N_2(1,I_2),\ 1=(1,1)^{\mathrm{T}}$$

对于数据 $x=(x_1,x_2)$，尝试以下两种检测方法。

$$F_1(x)=x_1,\ F_2(x)=x_1+x_2$$

依据这些函数的信号检测对应的数据分布分别为沿着图 4.5 所示方向的投影数据。

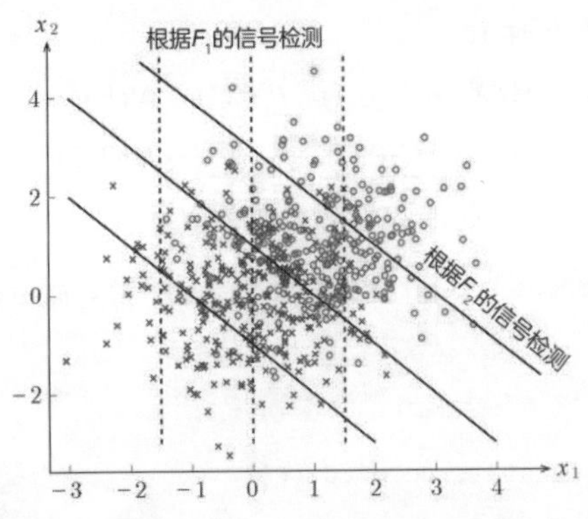

图 4.5 根据 F_1（虚线）和 F_2（实线）的信号检测

使用 Python，可由式（4.3）求 AUC。要计算 F_2，求矩阵中行的和。可以将 np.sum 的 axis 选项设置为 1 以计算行的总和。np.sum (xp,axis = 1) 也可以简写成 np.sum (xp, 1)。要求列的总和则设置为 axis = 0。在下面的代码中，对所有有信号和无信号的数据对取差值，并根据它们是否大于 0 来判断符号。换言之，即将式（4.3）转换为 $E_{X\sim P_+, X'\sim P_-}\{I[F(X)\geqslant F(X')]\}\geqslant 0$ 进行计算。通过函数 np.subtract.outer 将外积的“乘法”转换为“减法”进行计算。

```
>>> n = 100                    # 数据量为 100
>>> xp = np.random.normal(loc=1,size=n*2).reshape(n,2)    # 有信号
>>> xn = np.random.normal(size=n*2).reshape(n,2)          # 无信号
>>> # F1 的 AUC
>>> np.mean(np.subtract.outer(xp[:,0],xn[:,0]) >= 0)
0.8075999999999998
>>> # F2 的 AUC
>>> np.mean(np.subtract.outer(np.sum(xp,1),np.sum(xn,1)) >= 0)
0.8479999999999998

>>> n = 10000                  # 数据量 10000
>>> xp = np.random.normal(loc=1,size=n*2).reshape(n,2)    # 有信号
>>> xn = np.random.normal(size=n*2).reshape(n,2)          # 无信号
>>> # F1 的 AUC
>>> np.mean(np.subtract.outer(xp[:,0],xn[:,0]) >= 0)
0.7579482699999998
>>> # F2的 AUC
>>> np.mean(np.subtract.outer(np.sum(xp,1),np.sum(xn,1)) >= 0)
0.8426702400000001
```

要计算实际面积，可以使用 SciPy 提供的数值积分模块 integrate。F_1 和 F_2 的分布分别如下所示。

$$F_1(X)\sim N(0,1),\ F_1(X')\sim N(1,1)$$

$$F_2(X)\sim N(0,2),\ F_2(X')\sim N(2,2)$$

由此可得 ROC 曲线。AUC 的数值积分如下：

```
>>> from scipy import integrate           # 用 integrate


>>> # F1 的 AUC
>>> def fpr(c):
...     return(1-sp.stats.norm.cdf(c))
>>> def tpr(c):
```

```
...     return(1-sp.stats.norm.cdf(c,loc=1))
>>> c = np.arange(-10, 10, 0.01)
>>> # F1 的 AUC 的计算
>>> sp.integrate.cumtrapz(tpr(c)[::-1],fpr(c)[::-1])[-1]
0.76024810812092736
>>> # F2 的 AUC
>>> def fpr(c):
...     return(1-sp.stats.norm.cdf(c,scale=np.sqrt(2)))
>>> def tpr(c):
...     return(1-sp.stats.norm.cdf(c,loc=2,scale=np.sqrt(2)))
>>> # F2 的 AUC 的计算
>>> sp.integrate.cumtrapz(tpr(c)[::-1],fpr(c)[::-1])[-1]
0.84134373785894323
```

由于数组 fpr(c)为降序排列，因此可使用 fpr (c) [:: −1] 来进行升序排列。与此同时，颠倒 tpr(c)的顺序，这样可以得到一个正积分作为 sp.integrate.cumtrapz 的返回值。由计算结果可以清楚地看到，F_1 的 AUC 约为 0.760，F_2 的 AUC 约为 0.841。当数据量为 10000 时，从数据中求得的值分别为 0.758 和 0.843。AUC 的近似值可以根据表达式（4.3）由样本平均值计算得出。

4.3.2 AUC 与测试误差

本小节介绍分类器的测试误差和 AUC 之间的关系。假设数据$(x, y) \in R^d \times \{0, 1\}$是服从某种分布而生成的。假如有这样一种分类器，即当定义有函数 $f(x)$和常量 c，如果 $f(x) \geqslant c$，则预测 $y = 1$；如果 $f(x) < c$，则预测 $y = 0$。如果假阳率为 $\mathrm{FPR}(c) = P_{\mathrm{r}}\{f(x) \geqslant c \mid y = 0\}$，而真阳率为 $\mathrm{TPR}(c) = P_{\mathrm{r}}\{f(x) \geqslant c \mid y = 1\}$，则该分类器的测试误差如下式所示。

$$\mathrm{Err}(c) = P_{\mathrm{r}}(y=0)\cdot \mathrm{FPR}(c) + P_{\mathrm{r}}(y=1)\cdot[1-\mathrm{TPR}(c)]$$

式中，$P_{\mathrm{r}}(y=0)$和 $P_{\mathrm{r}}(y=1)$是标签的边缘概率。

将阈值 c 处的测试误差乘以权重 $w(c) = -\dfrac{\mathrm{d}}{\mathrm{d}c}\mathrm{FPR}(c) \geqslant 0$ 并计算积分。

根据 AUC 的定义，$\mathrm{AUC} = \int_{-\infty}^{\infty}\mathrm{TPR}(c)w(c)\mathrm{d}\,c$，并且由 $\int_{-\infty}^{\infty}\mathrm{FPR}(c)w(c)\mathrm{d}\,c = -\dfrac{1}{2}[\mathrm{FPR}(c)]^2\,|_{-\infty}^{\infty} = \dfrac{1}{2}$，得到

$$\int_{-\infty}^{\infty}\mathrm{Err}(c)w(c)\mathrm{d}c = \frac{1}{2}P_{\mathrm{r}}(y=0) + P_{\mathrm{r}}(y=1)(1-\mathrm{AUC})$$

从上式可以看出，AUC 值越大，测试误差的加权平均则越小。此外，无论标签概率 $P_r(y = 0)$和 $P_r(y = 1)$大还是小，AUC 的值越大，加权平均值则越小。从这个意义上来说，AUC 的值的分类方法与标签概率无关，总的来说，AUC 的值越大越能够更好地分类。然而，当将（一般的）测试误差与固定阈值进行比较时，即使分类器的 AUC 很小，也存在达到很高的准确度的情况。

第 5 章

数据整理与特征提取

统计方法有主成分分析、因子分析和多维尺度变换，详细说明可参见参考文献[9]。

为了执行本章中的程序，需要加载以下软件包。

```
>>> import numpy as np
>>> import matplotlib.pyplot as plt
>>> import pandas as pd
```

5.1 主成分分析

当观测到 d 维数据 x_1, …, x_n 时，考虑在尽可能保持离散程度的情况下获得数据的低维度的表现。这种方法对于高维数据的预处理很有帮助。

主成分分析（Principal Component Analysis，PCA）是将 d 维数据映射到较低维度的 k 维平面 W, W 可以利用通过原点的超平面 W_0 和向量 $a \in R^d$，表示为 $W = W_0 + a$。假设到子空间 W_0 的投影矩阵为 $\boldsymbol{\Pi}$，则数据点 x 通过对 W 的投影，可转换为

$$x \mapsto a + \Pi(x-a)$$

当投影误差由平方损失来衡量时，所有数据点的误差总和如下：

$$\sum_{i=1}^{n} \| x_i - [a + \Pi(x_i - a)] \|^2 \qquad (5.1)$$

使式（5.1）最小化的 a 由数据点的平均值 $\bar{x} = \frac{1}{n}\sum_{i=1}^{n} x_i$ 给出。另外，$\boldsymbol{\Pi}$ 由下述方法确定。首先，设数据的方差-协方差矩阵 $\boldsymbol{S}$ 如下：

$$\boldsymbol{S} = \frac{1}{n}\sum_{i=1}^{n}(x_i - \bar{x})(x_i - \bar{x})^{\mathrm{T}}$$

令 $\boldsymbol{S}$ 的特征值为 $\lambda_1 \geqslant \lambda_2 \geqslant \cdots \geqslant \lambda_n \geqslant 0$，如果对应的特征向量是 $w_1, \cdots, w_n$，则 $\boldsymbol{\Pi}$ 为由 $w_1, \cdots, w_k$ 构成的 k 维子空间的投影矩阵（见图 5.1）。特征向量 w_j 称为第 j 个**主成分向量**，减去样本均值的数据 $x_i - \bar{x}$ 在 w_j 方向的坐标 $(x_i - \bar{x})^{\mathrm{T}} w_j$ 称为第 j 个**主成分得分**。

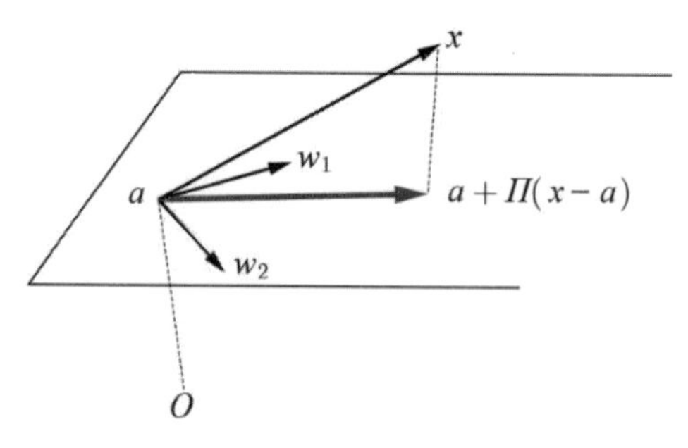

图 5.1　子空间上数据的投影

由于最优值 a 是由数据点的均值向量给出的，因此从启始位置平移数据，使得 $\bar{x} = 0$，即。

$$\bar{x}=0,\ S=\frac{1}{n}\sum_{i=1}^{n}x_i x_i^{\mathrm{T}}$$

累积贡献率常用于确定低维空间中的维数 k。使用特征值定义累积贡献率 c_k 如下：

$$c_k=\frac{\lambda_1+\cdots+\lambda_k}{\lambda_1+\cdots+\lambda_n}\in[0,1]$$

由于矩阵 $\boldsymbol{S}$ 是一个非负定矩阵，因此累积贡献率取值为 0 ~ 1。例如，当 c_k 超过某个值（如 0.8）时，取最小的 k。

在 Python 中，使用 scikit-learn（sklearn）软件包进行主成分分析。使用 sklearn.decomposition 的 PCA 生成一个实例。以下是使用 Davis 数据进行主成分分析的示例。数据是一个 csv 格式的文件（data/Davis.csv），使用 pandas 软件包的 pd.read_csv 读入文件。数据数组的第 1 列和第 2 列中的各行对应于数据点 $x_i=(w_i, h_i)$，其中，w_i 代表第 i 个人的体重（kg），h_i 代表其身高（cm），如图 5.2（a）所示。右下角的数据被视为离群值并排除在外。身高的单位换算成 m，并取对数，进行主成分分析。尝试通过主成分分析看是否可以得出诸如 BMI（Body Mass Index，体重指数）之类的指标。

```
>>> from sklearn.decomposition import PCA        # 使用 sklearn 的 PCA
>>> dat = pd.read_csv('data/Davis.csv').values   # 读入数据

>>> # 身高单位转换成 m，并计算对数值
>>> logdat = np.log(np.c_[dat[:,1],dat[:,2]/100].astype('float'))

>>> # 绘制数据图
>>> plt.plot(logdat[:,0], logdat[:,1], '.'); plt.show()

>>> # 将索引 11 的数据作为离群值除去
>>> clean_logdat = np.delete(logdat, 11, axis=0)

>>> # 对去除离群值的数据进行主成分分析
>>> pca = PCA()
>>> pca.fit(clean_logdat)
>>> pca.components_                        # 主成分
array([[0.97754866, 0.21070979],
       [-0.21070979, 0.97754866]])
```

图 5.2（b）中的箭头表示第一主成分向量（PC_1）和第二主成分向量（PC_2）。思考数据图的含义，大致可以理解为第一个主成分得分表示体型

大小，第二个主成分得分表示肥胖程度。第二个主成分得分的计算式如下：

$$0.21\ \log(w_i) - 0.98\ \log(h_i) + \text{常量} \approx 0.21 \times \log\left(\text{常量} \times \frac{w_i}{h_i^{4.64}}\right) \quad (5.2)$$

式中，常量是对平均值的修正。

由于实际使用的 BMI 是 w_i/h_i^2，因此关于身高的幂是不同的。BMI 似乎与体脂率有更高的相关性。另外，即使度量改变，式（5.2）也可以通过简单的修正常量部分而使用。

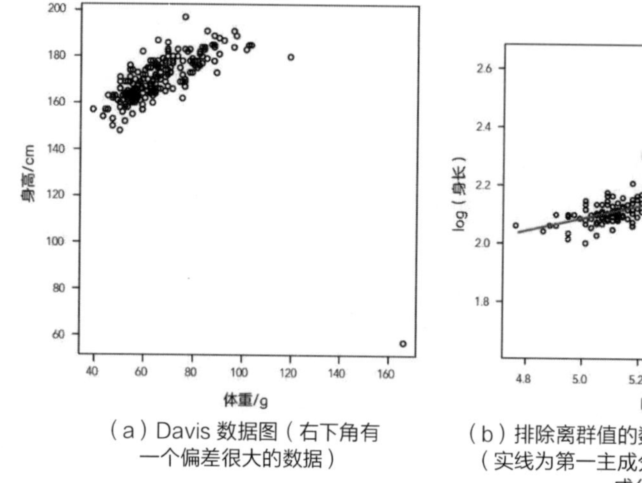

（a）Davis 数据图（右下角有一个偏差很大的数据）

（b）排除离群值的数据的主成分分析结果（实线为第一主成分方向，虚线为第二主成分方向）

图 5.2　主成分分析

当多维数据的各个维度的单位不同时，建议在进行主成分分析前对数据进行适当的标准化处理。一种常用的标准化方法是将数据的每个分量乘以一个常量，使得方差为 1，这与使用相关矩阵代替数据的方差-协方差矩阵是相同的。

5.2 因子分析

因子分析与主成分分析一样，也是一种利用低维元素表示多维数据 $x \in R^d$ 的方法，但其对数据所做的假设是不同的。在因子分析中，假设在数据 $x_i \in R^d$ 的背后存在影响它的因子 $f_i \in R^k$，假设其可以表示如下：

$$x_i = \boldsymbol{\Lambda} f_i + \varepsilon_i \quad (5.3)$$

在因子分析中，x_i 和 f_i 都以随机变量的形式建模。$\boldsymbol{\Lambda}$ 是一个 $d\times k$ 的矩阵，称为**因子载荷矩阵**。另外，ε_i 是 k 维随机变量，表示模型 $\boldsymbol{\Lambda}f$ 所无法表示的残差。有时 f_i 被称为**公因子**，而 ε_i 被称为**唯一因子**。

假设有一个由各门学科的考试成绩排列而成的向量 $x\in R^d$，同时假设因子 $f\in R^2$ 为一个将理科学习能力和人文学科学习能力进行量化后的向量，可以给出对数据的直观解释。在实际的数据分析中，最初并没有给出对 f 的解释。通过因子分析解释和量化数据背后的因素是非常重要的。

在式（5.3）中做一个假设。首先，假设 x_i 的期望值为 0。另外，假设 x_i 的元素之间的所有相关性都能够由矩阵 $\boldsymbol{\Lambda}$ 解释，即 ε_i 的方差-协方差矩阵是一个对角矩阵。其次，假设 f_i 的期望值为 0，将方差-协方差矩阵标准化为 $\boldsymbol{I}$（恒等矩阵），因子 f_i 对 x_i 的影响通过矩阵 $\boldsymbol{\Lambda}$ 的元素表示。综上所述，得到下式：

$$\boldsymbol{E}[f_i]=0,\boldsymbol{V}[f_i]=I,\boldsymbol{E}[\varepsilon_i]=0,\boldsymbol{V}[\varepsilon_i]=\boldsymbol{\Psi}$$

式中，$\boldsymbol{\Psi}$ 为对角矩阵。

此时 x_i 的方差-协方差矩阵如下：

$$\boldsymbol{V}[x_i]=\boldsymbol{\Lambda}\boldsymbol{\Lambda}^{\mathrm{T}}+\boldsymbol{\Psi}$$

由数据 x_1, …, x_n 估计 $\boldsymbol{\Lambda}$ 和 $\boldsymbol{\Psi}$，并重构 f_i。对于数据的相关矩阵，可以假设为相同的模型。相关矩阵被广泛用于多种应用中。在估计中，设置的 $\boldsymbol{\Lambda}$ 和 $\boldsymbol{\Psi}$，要能够得到近似于由数据计算所得到的相关矩阵。有使用平方误差作为损失的方法，也有使用极大似然估计来获得适当的统计模型的方法。设统计模型是期望值为 0、方差-协方差矩阵 $\boldsymbol{\Lambda}\boldsymbol{\Lambda}^{\mathrm{T}}+\boldsymbol{\Psi}$ 的多变量正态分布。

需要注意的是，$\boldsymbol{\Lambda}$ 和 f_i 具有正交矩阵的自由度。也就是说，由于正交矩阵 $\boldsymbol{Q}$ 有 $\boldsymbol{\Lambda}f_i=(\boldsymbol{\Lambda}\boldsymbol{Q})(\boldsymbol{Q}^{\mathrm{T}}f_i)$，因此无法区分真实的模型是 $\boldsymbol{\Lambda}$ 和 f_i 还是 $\boldsymbol{\Lambda}\boldsymbol{Q}$ 和 $\boldsymbol{Q}^{\mathrm{T}}f_i$。因此，应设置一个适当的标准，以便确定正交矩阵。为了能够更好地解释结果，应首选旋转，典型示例有正交旋转法（varimax rotation）和 Procrustes 旋转。正交旋转法是使得因子载荷矩阵的元素两极分化的正交矩阵，既有绝对值较大的元素，又有接近于 0 的元素。而 Procrustes 旋转法则是使因子载荷矩阵接近于预先设定模式的正交矩阵。

找出因子 f 的每个分量对数据 x 的影响程度的方法有 Thomson 法和 Bartlett 法，其基本思想是通过最小二乘法求变换矩阵，使 x 的线性变换平均地接近 f。Thomson 法使用通常的平方损失，而 Bartlett 法使用加权平方损失，这样就可以估计每个数据 x 的因子 f。该估计值称为**因子得分**。

当假设一个正态分布模型时，因子 f 可以被认为是一个隐藏变量，即假设只观测到完整数据 (x,f) 中的 x,以此来估计因子载荷矩阵和因子得分的值。以此为目的的估计方法，可以使用 6.6 节中介绍的 EM 算法。

将因子分析应用于波士顿住房数据集（BostonHousing），该数据集记录了美国波士顿郊区的区域房价。该数据集包括房屋数量和周边地区的犯罪率等信息，通常作为根据租金以外的变量预测租金等任务的基准数据。使用 sklearn.datasets 提供的 load_boston 加载数据。

```
>>> from sklearn.datasets import load_boston # 使用波士顿住房数据集
                                               BostonHousing
>>> BostonHousing = load_boston()            # 读入数据
```

使用 sklearn.decomposition 模块的 FactorAnalysis 分析数据。由于使用了相关矩阵，因此使用 sklearn.preprocessing 的 scale 对数据矩阵进行缩放，并进行因子分析。使用 n_components 选项指定因子数。可以使用 fit 计算因子载荷矩阵，还可以使用 transform 或者 fit_transform 获得 f 的估计值的因子得分。假设该估计采用的是正态模型，通过 EM 算法进行参数估计和因子得分计算。

以下显示了从 BostonHousing 数据集中去除租金信息，并将因子数设为 3 的结果。

```
>>> from sklearn.decomposition import FactorAnalysis
>>> from sklearn.preprocessing import scale
>>> # 数据的缩放（将因子分解应用于相关矩阵）
>>> X = scale(BostonHousing.data)

>>> # 数据矩阵大小:（数据量，维度）
>>> X.shape
(506, 13)

>>> fa = FactorAnalysis(n_components=3)       # 在因子数为 3 的基础上估计
>>> rX = fa.fit_transform(X)                  # 因子得分
>>> rX.shape
(506, 3)

>>> fa.components_                            # 因子载荷矩阵
array([[0.60841747, -0.49494108, 0.81348536, 0.00483051, 0.80358983,
-0.37394421, 0.67493181, -0.71478317, 0.88823336, 0.93426511,
（省略）

>>> fa.components_.shape                      # 大小为(因子数，维度)
```

```
(3, 13)
```

查看因子载荷矩阵的第 0 列（fa.components 的第 0 行），可以看到 TAX（财产税）或者 RAD（进入高速公路的便利性）等第一因子的重要性在提高，代码如下：

```
>>> # 因子载荷矩阵元素：按绝对值大小排序
>>> BostonHousing.feature_names[np.argsort(np.abs(fa.components_[0,]))]
array(['CHAS', 'RM', 'B', 'PTRATIO', 'ZN', 'CRIM', 'LSTAT', 'AGE',
      'DIS', 'NOX', 'INDUS', 'RAD', 'TAX'],
      dtype='<U7')
```

同样可以看出，第二因子的 DIS 系数的绝对值（距离就业地点的中心的加权平均）变大。此外，第三因子主要是 RM（房间大小）的影响较大，并且与租金高度相关。图 5.3 所示为 BostonHousing 数据的第一因子和第二因子得分，可以看出数据根据第一因子分成了两组。

将上面求得的矩阵利用 statsmodels.multivariate.factor_rotation 模块的 rotate factors，可以得到满足旋转假设的因子载荷矩阵。

```
>>> import statsmodels.api as sm
>>> from statsmodels.multivariate.factor rotation import rotate factors
>>> L, T = sm.multivariate.factor rotation.rotate factors(
...                                   fa.components .T, 'varimax')
```

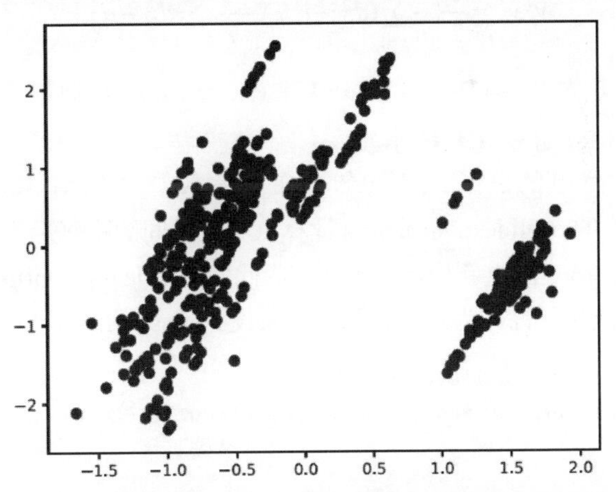

图 5.3　BostonHousing 数据的第一因子和第二因子得分

其中，返回值 ***T*** 是一个正交矩阵。在上面的示例中，满足 fa.components_.T = LT 的因子载荷矩阵 ***L*** 是通过正交旋转获得的。

5.3 多维尺度变换

仅考虑数据之间的（非）相似性时，多维尺度变换（Multi Dimensional Scaling，MDS）作为一种根据相似性在欧几里德空间中排列各个数据的方法。该方法可用来分析调查问卷中各选项的选择数据。

假设有 i 个项目（对象），其中 $i=1, \cdots, n$。考虑以下情况，假设作为观测值，每个项目 i、j 之间的相异性为 S_{ij} $(i, j=1, \cdots, n)$。假设相异性为非负值，值越小则表示越相似。其目标是将与项目 i 对应的点 $v_i \in R^k$ 放置在适当维度（如 R^k）的空间中，以便 $\|v_i - v_j\|$ 接近 S_{ij}。当相异性与距离不同或维数 k 较小时，无法将点配置得正好使得等号成立。但是，作为直观地掌握每个项目之间关系的一种方法，它是非常有用的。

假设相异性 S_{ij} 由距离 $d_{ij}=\|v_i - v_j\|$ 给出，求点排列的方法称为**度量型 MDS**。下面解释距离 d_{ij} 与排列 v_i 和 v_j 之间的关系。对于欧几里得空间 R^k 中的点 $v_1, \cdots, v_n$，令它们相互之间的距离为 $d_{ij}=\|v_i - v_j\|$。此时，由 $\sum_{j=1}^{n} d_{ij}^2$ 和 $\sum_{i,j=1}^{n} d_{ij}^2$ 与 v_i $(i=1, \cdots, n)$的关系，内积 $v_i^{\mathrm{T}} v_j$ 可以表示如下：[①]

$$v_i^{\mathrm{T}} v_j = \frac{1}{2}\left\{\frac{1}{n}\sum_{k=1}^{n}(d_{ik}^2 + d_{jk}^2) - \frac{1}{n}\sum_{k,l=1}^{n} d_{kl}^2 - d_{ij}^2\right\}$$

设矩阵 $\boldsymbol{B}$ 为 $B_{ij}=v_i^{\mathrm{T}} v_j$，点排列 $\boldsymbol{V}=(v_1, \cdots, v_n)$可以通过 $\boldsymbol{B}$ 的 Cholesky 分解进行重构，如 $\boldsymbol{B}=\boldsymbol{V}^{\mathrm{T}}\boldsymbol{V}$ 等。

举一个简单的例子，从均匀分布中生成点并利用 sklearn.metrics.pairwise 模块的 euclidean_distances 计算点与点之间的距离矩阵 $\boldsymbol{d}=(d_{ij})$。使用 MDS 由距离矩阵重新构建点排列，为此使用 sklearn.manifold.MDS。如果要将距离或相异性作为输入，则将选项设为 dissimilarity='precomputed'。

```
>>> from sklearn.manifold import MDS
>>> from sklearn.metrics.pairwise import euclidean_distances
>>> n = 10                                # 数据量
>>> k = 2                                 # 数据的维数
>>> V = np.random.rand(n,k)               # 真实的排列
>>> d = euclidean_distances(V)            # 距离矩阵
```

① 平行移动使重新构建的点排列的平均向量为 0。

```
>>> # 度量型 MDS（二维）：以 10 个初始值计算，采用最优解
>>> md = MDS(n_components=2, metric=True, dissimilarity='precomputed',
...               n_init=10, max_iter=3000)
>>> md.fit(d)
>>> rV2 = md.embedding_                    # 重新构建的二维点排列
>>> rV2
array([[-0.48360981, 0.00389334],
       [ 0.15291868, -0.24382384],
          （省略）
       [-0.443334 , 0.22579909]])

>>> # 度量型 MDS（一维）
>>> md.set_params(n_components=1)
>>> md.fit(d)
>>> rV1 = md.embedding_                    # 重新构建的一维点排列
>>> rV1
array([[-0.29223515],
       [0.30308616],
          （省略）
       [0.05056869]])
```

图 5.4 显示了原始数据的点 V 和重构的点 rV2 的排列，除去旋转（正交变换）和平移的自由度之外，其他是一致的。

```
>>> # 原始数据的图
>>> plt.scatter(V[:,0],V[:,1],marker='.');
>>> for i,(x,y) in enumerate(zip(V[:,0],V[:,1])):
...     plt.annotate(str(i),(x,y),fontsize=20)        # 也显示点的编号
>>> plt.show()

>>> # 通过度量型 MDS 重新构建的点的图
>>> plt.scatter(rV2[:,0],rV2[:,1],marker='.');
>>> for i,(x,y) in enumerate(zip(rV2[:,0],rV2[:,1])):
...     plt.annotate(str(i),(x,y),fontsize=20)        # 也显示点的编号
>>> plt.show()
```

图 5.5 所示为用度量型 MDS 将二维数据重构为一维点排列的结果 rV1，与矩阵 $\boldsymbol{B}$ 的第一主成分得分相匹配（常量倍数除外）。由于重构空间的维数低于原始空间的维数，因此无法完全再现原始数据的点的排列的关系。

接下来介绍非度量型 MDS。相异性不一定总是能够与欧几里得距离相近似，此时通过距离与内积的关系导出的度量型 MDS 无法确切地确定点排列。

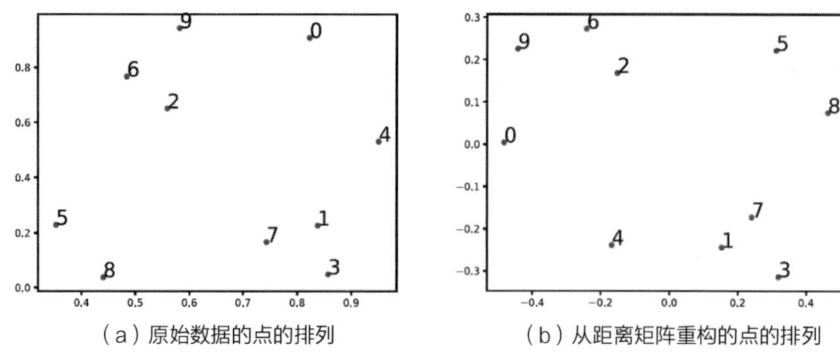

（a）原始数据的点的排列　　（b）从距离矩阵重构的点的排列

图 5.4　根据 MDS 重构点的排列

图 5.5　用度量型 MDS 将二维数据重构为一维点排列的结果

设相异性 S_{ij} 的一个有效假设为与距离 $d_{ij} = \|v_i - v_j\|$ 之间存在单调性，即如果一方的值很大，则另一方的值则也会很大。也就是说，如果 $S_{ij} < S_{k\ell}$，则 $d_{ij} < d_{k\ell}$。为了求得这样的点排列 $\{v_1, \cdots, v_n\}$，需求一个单调递增的函数 f，使得 $f(S_{ij})$近似于 $\|v_i - v_j\|$。正确求得函数 f 和点排列 $\{v_1, \cdots, v_n\}$，可以为非度量的数据获得适当的低维表示。因此，考虑以下称为应力的函数：

$$\sum_{i,j}[f(S_{ij}) - \| v_i - v_j \|]^2$$

并找到使其最小的点 $v_1, \cdots, v_n \in R^k$ 及单调函数 f。应力函数表示非度量相异性 S_{ij} 的单调变换 $f(S_{ij})$与距离 $\|v_i - v_j\|$ 之间的误差。

令 sklearn.manifold.MDS 的选项设为 metric = False，就可以得到应力函数最小化所确定的低维排列。下面给出了使用与投票相关的 voting 数据的示例。相异性 $S = (S_{ij})$ 表示 15 个新泽西州议会议员在议会对 19 项环境法案进行不同投票的次数，取 0 ~ 19 的整数值。从投票的相对差异来看，每个议员所处位置由非度量型 MDS 和度量型 MDS 求得[10]。数据保存为 csv 文件 data/voting.csv。

```
>>> from sklearn.manifold import MDS
>>> data = pd.read_csv('data/voting.csv').values
>>> # S: 相异性矩阵（投票行为）; pidx: 所属党派（0/1）
>>> S=data[:,:15]; pidx=data[:,15]
>>> col=['red','blue']; mk = ['x','o']       # 区别标记所属党派
```

```
>>> # 非度量型 MDS
>>> nmd = MDS(n_components=2,metric=False,dissimilarity='precomputed',
...           n_init=20,max_iter=3000)
>>> # 拟合
>>> nmd.fit(S)
>>> px = nmd.embedding_[:,0]; py = nmd.embedding_[:,1]
>>> for i in [0,1]:                           # 绘图
...     plt.scatter(px[pidx==i],py[pidx==i],c=col[i],
...                 marker=mk[i],s=100)
>>> for i,(x,y) in enumerate(zip(px,py)):
...     plt.annotate(str(i),(x,y),fontsize=20)
>>> plt.show()

>>> # 度量型 MDS
>>> nmd.set_params(metric=True)
>>> # 拟合
>>> nmd.fit(S)
（绘图与非度量型 MDS 的步骤相同，这里省略）
```

结果如图 5.6 所示，其中 “×” 表示共和党议员，“•” 表示民主党议员。

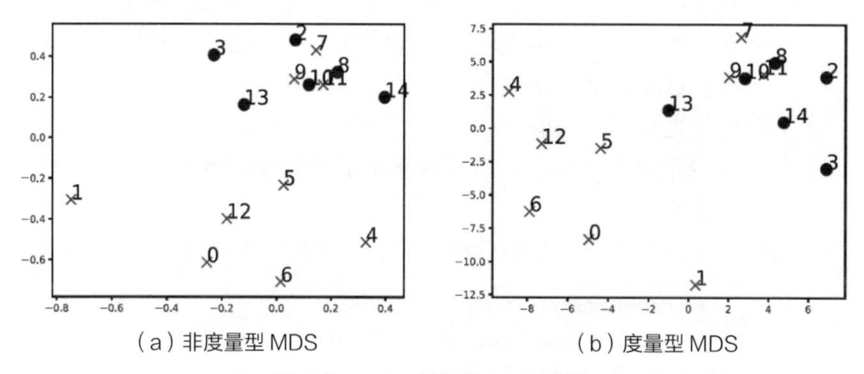

（a）非度量型 MDS　　（b）度量型 MDS

图 5.6　voting 数据的 MDS 结果

第 6 章

基于统计模型的学习

关于生成数据的概率分布，假设已经具有了一定程度的先验知识。这时，可以通过设置适当反映先验知识的统计模型实现较高的预测准确度。极大似然估计和贝叶斯估计常被用于基于统计模型的学习中。本章首先介绍极大似然估计；然后简要介绍贝叶斯估计；最后介绍 EM 算法，即一种求取混合分布的极大似然估计方法。

为了执行本章中的程序，需要加载以下软件包。

```
>>> import numpy as np
>>> import matplotlib.pyplot as plt
>>> import pandas as pd
```

6.1 统计模型

考虑物理实验等的测量时，测量误差通常是不可避免的，此类误差根据实验环境的不同而有所差异，很难完全控制。

例 6–1 使用 plt.hist 在直方图中绘制测量光速的 morley 数据，如图 6.1 所示。

```
>>> dat = pd.read_csv('data/morley.csv').values.ravel()   # 读入数据
>>> plt.hist(dat, bins=20, rwidth=0.9)                    # 绘图
>>> plt.show()
```

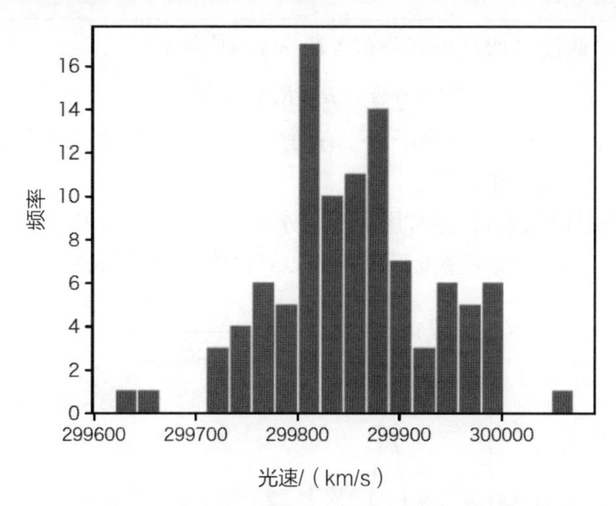

图 6.1　在适当的物理条件下测定的光速结果的直方图

下面通过观测数据估计光速 c。考虑到测量误差，认为数据 x_i 为如下随机变量的实现值：

$$X_i = c + Z_i \quad (i = 1,\cdots, n)$$

（测量值）（光速）（测量误差，偶然波动）（6.1）

式中，c 为常量；Z_i 和 X_i 为随机变量，X_i 由常量 c 与随机误差 Z_i 相加得到。

像式（6.1）这样，针对数据的观察过程所进行的随机假设，称为**统计模型**。狭义上，由参数 θ 指定的概率密度 $p(x;\theta)$的集合 $\{p(x;\theta):\theta\in\Theta\}$ 称为统计模型（ Θ 是一个恰当的参数集）。例如，对于 $x>0$ 的概率密度的集合：

$$\{p(x;\theta)=\theta e^{-\theta x} \mid \theta>0\}$$

为一个由参数为 θ 的指数分布组成的统计模型。

6.2 统计的估计

使用统计模型的统计的估计问题可以表述如下：

统计的估计问题

设统计模型为 $p(x;\theta)$ $(\theta\in\Theta)$，假设随机变量 X 的概率密度可以用参数 $\theta^*\in\Theta$ 表示为 $p(x;\theta^*)$，即 $X\sim p(x;\theta^*)$，当参数 θ^* 为未知时，从 X 的实现值 x 估计出 θ^*。

例 6-1 中假设 Z_i 服从正态分布 $N(0,\sigma^2)$，则将

$$N(\mu,\sigma^2)\quad(\mu\in R,\sigma^2>0)$$

作为 X_i 的统计模型。在这种情况下，有两个参数 μ 和 σ^2。真实的参数由 $\mu^*=c$ 给出，目标是从数据中估计 c。

在构建统计模型时，经常用到正态分布。由期望值 μ 和方差 σ^2 确定的正态分布 $N(\mu,\sigma^2)$的概率密度函数 $\phi(x;\mu,\sigma^2)$ 如下（见图 6.2）：

$$\phi(x;\mu,\sigma^2)=\frac{1}{\sqrt{2\pi\sigma^2}}\exp\left\{-\frac{(x-\mu)^2}{2\sigma^2}\right\}\tag{6.2}$$

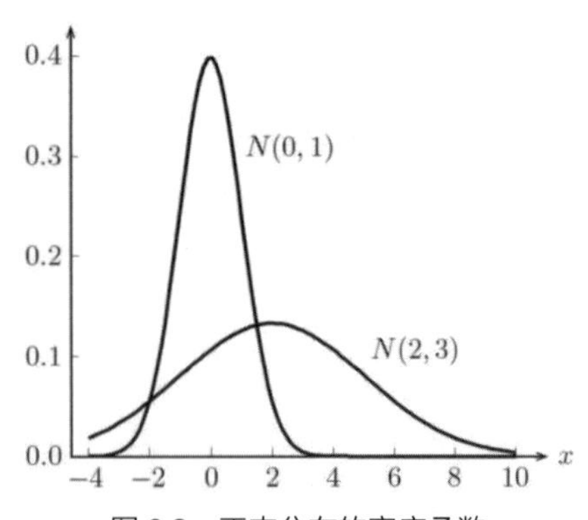

图 6.2　正态分布的密度函数

除了例 6-1 以外，身高和体重的分布等也近似为正态分布[见图 6.3(a)]。理论上，正态分布中可能会出现负值，但是对于仅仅能够获得正值的随机变量的分布来说，也可以近似地利用正态分布。

可以通过数据转换得到非常近似于正态分布的情况。以日经股票平均

价格为例来考虑，假设第 n 天的（日经股票平均价格）股票价格是基于某个日期和时间的 X_n，则 $\log(X_{n+1}/X_n)$（对数收益率）的分布如图 6.3（b）所示，可以认为几乎近似于正态分布。

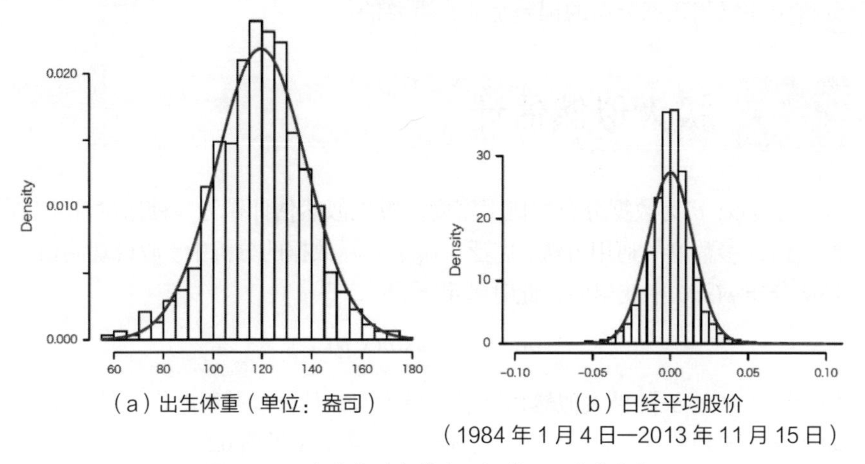

（a）出生体重（单位：盎司）　（b）日经平均股价（1984 年 1 月 4 日—2013 年 11 月 15 日）

图 6.3　正态分布（实线表示近似于正态分布）

再举一个例子，考虑英文电子邮件中包含的大写字母数量的分布情况。对于普通邮件和垃圾邮件，设 n 为邮件正文中包含的大写字母数量，此时 $\log_{10}(n)$的直方图如图 6.4 所示。如果在直方图上叠加地绘制正态分布的密度函数，则垃圾邮件的图可以大致地近似于正态分布。这样，垃圾邮件和普通邮件的大写字母数量分布略有不同（垃圾邮件往往有更多的大写字母），所以可以作为分辨垃圾邮件的有用信息。

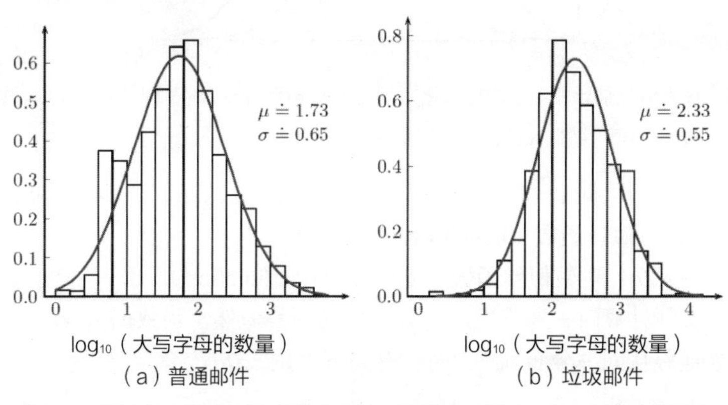

log₁₀（大写字母的数量）　log₁₀（大写字母的数量）

（a）普通邮件　（b）垃圾邮件

图 6.4　邮件中大写字母的数量（实线是服从正态分布 $N(\mu, \sigma^2)$的结果）

从上面的例子可以看出，正态分布是在统计建模时的一个基础性的重要分布。在各种因素相互作用产生观测误差的情况下，自然产生的呈现为正态分布。但是，由于真实数据很少能够完全服从正态分布，因此在数据分析中注意与正态分布的偏差是非常重要的。

6.3 极大似然估计

令 $p(x;\ \theta)$为数据分布的概率密度。**极大似然估计**作为一种通过观测数据来估计参数 θ 的通用方法，广泛应用于实际数据的分析中。假设观测值 x 是从分布 $p(x;\ \theta)$中获得的，此时满足下式

$$p(x;\hat{\theta}) = \max_{\theta} p(x;\theta)$$

的参数 $\hat{\theta}$ 称为 θ 的**极大似然估计量**。极大似然估计量基于这样一种思想，即能够观测到数据 x（是由于 x 出现的概率高）（见图 6.5）。

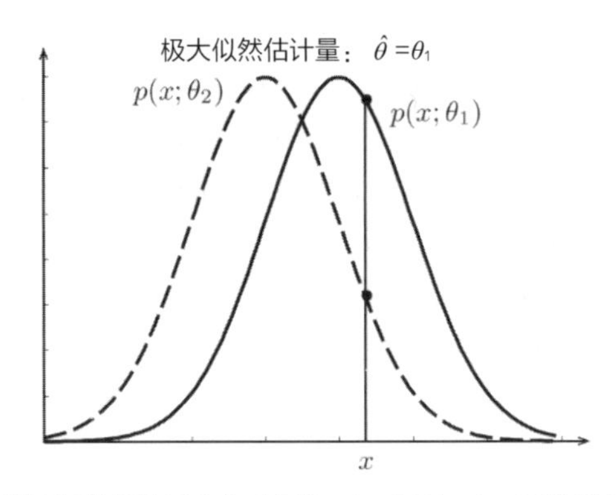

图 6.5　极大似然估计和似然的极大化（因为 $p(x;\ \theta_1)$比 $p(x;\ \theta_2)$的似然大，所以，通过 $p(x;\ \theta_1)$表现数据 x 的分布似乎更合适）

给定观测数据 x，概率密度函数 $p(x;\ \theta)$视作 θ 的函数，具体如下：

$p(x;\ \theta)$：**似然函数**（likelihood function）。

$\log p(x;\ \theta)$：**对数似然函数**（log-likelihood function）。

在实际计算时，通常使用对数似然而不是似然。当数据 $x_1,x_2,\cdots,x_n$ 互相独立地服从同一分布 $p(x;\ \theta)$时，有如下表达式：

$$p(x_1,x_2,\cdots,x_n;\theta) = \prod_{i=1}^{n} p(x_i;\theta)$$

极大似然估计量$\hat{\theta}$以如下最优化解

$$\max_{\theta}\sum_{i=1}^{n}\log p(x_i;\theta)$$

的形式给出。

6.4 极大似然估计量的计算方法

令数据$x_1, \cdots, x_n$为 i.i.d.，为了求得似然的最优解，考虑对数似然函数的极值条件。例如，当 θ 是一维参数且对数似然可微时，极大似然估计量$\hat{\theta}$为下述方程

$$\frac{\mathrm{d}}{\mathrm{d}\theta}\sum_{i=1}^{n}\log p(x_i;\hat{\theta})=0$$

的解。该方程称为**似然方程**。当参数为多维时，即设$\theta=(\theta_1, \cdots, \theta_d)\in R^d$，可以通过求解下述方程得到极大似然估计量：

$$\frac{\partial}{\partial\theta_k}\sum_{i=1}^{n}\log p(x_i;\hat{\theta})=0 \qquad (k=1,\cdots,d)$$

正态分布的期望值和方差的参数的极大似然估计量可以通过这样的方式获得。但是，在很多实际示例中，似然方程的解并不能很容易地求得，需要使用牛顿法等数值优化方法来最大化对数似然。

6.4.1 示例：均匀分布的参数估计

本小节列举一个极大似然估计的简单示例。设$x_1, x_2, \cdots, x_n$为独立于区间$[0,\theta]$上的均匀分布（表示为$U[0,\theta]$）的观测值，根据这些观测值，计算参数θ的极大似然估计量$\hat{\theta}$。参数θ的范围为$\theta>0$。均匀分布的密度函数如下：

$$f(x;\theta)=\frac{1}{\theta}I[0\leqslant x\leqslant\theta]$$

式中，$I[A]$为指示函数，即如果A为真，则取1；如果A为假，则取0。基于观测值$x_1, x_2, \cdots, x_n$的似然函数$L(\theta)$如下：

$$L(\theta)=\frac{1}{\theta^n}\prod_{i=1}^{n}I[0\leqslant x_i\leqslant\theta]=\begin{cases}\dfrac{1}{\theta^n}, & 0\leqslant x_1,\cdots,x_n\leqslant\theta\\ 0, & 其他\end{cases}$$

$$= \begin{cases} \dfrac{1}{\theta^n}, & 0 \leqslant \min_i x_i \text{且} \max_i x_i \leqslant \theta \\ 0, & \text{其他} \end{cases}$$

关于均匀分布的参数的似然函数如图 6.6 所示。最大化似然的参数（极大似然估计量）$\hat{\theta}$ 为 $\max\limits_i x_i$。

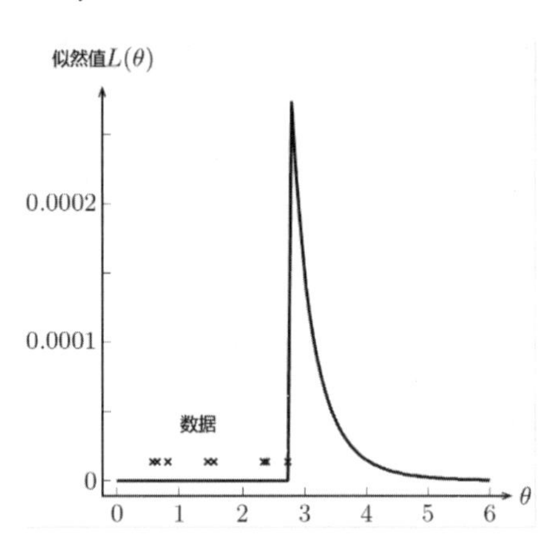

图 6.6　关于均匀分布的参数的似然函数（表示由 $U[0; 3]$得到 8 个数据时的似然函数。根据该数据，可得极大似然估计量 $\hat{\theta}$ =2.78）

由于图 6.6 中的似然函数是不可微的，因此无法从极值条件中求得参数。

当数据由区间[0, 1]上的均匀分布中生成，并且通过极大似然估计来估计最右边的值 $\theta = 1$ 时，则如下所示。

```
>>> x = np.random.uniform(size=10)          # 数据量 10
>>> np.max(x)                               # 极大似然估计
0.8216366908805233

>>> x = np.random.uniform(size=100)         # 数据量 100
>>> np.max(x)                               # 极大似然估计
0.99798315516156988
```

数据越多，平均而言，估计就越准确。

令 $\hat{\theta}$ 是均匀分布 $U[0, \theta]$的参数 θ 的极大似然估计量。在这种情况下，极大似然估计量并不满足如下属性（称为无偏性）：

$$E[\hat{\theta}] = \theta$$

在这里，期望值是针对观测数据的分布进行计算的。无偏性是指估计量进行平均能正确估计真实参数的属性。对极大似然估计进行修正，令对 n 个数据有如下表达式：

$$\tilde{\theta}=\frac{n+1}{n}\hat{\theta}$$

则 $\tilde{\theta}$ 关于参数 θ 满足无偏性属性。

计算满足无偏性的估计量的准确度，这里使用函数 np.amax，在数组的每一行和每一列中代入 np.max。

```
>>> n = 10                              # 数据量
>>> x = np.random.uniform(size=n)       # 生成数据
>>> ((n+1)/n) * np.max(x)               # 无偏估计量
0.87898209424856e

>>> # 生成 100 对数据
>>> X = np.random.rand(100,n)
>>> X.shape
(100, 10)

>>> # 极大似然估计的平均值
>>> # 通过 np.amax 求得矩阵 X 每一行（axis = 1）的最大值，并计算其平均值
>>> np.mean(np.amax(X,axis=1))
0.91359485844979138
>>> # 无偏估计量的平均值
>>> np.mean((n+1)/n * np.amax(X,axis=1))
1.0049543442947706
```

可以看出，满足无偏性的估计量更接近真实值 $\theta=1$。

可以使用 Pandas 数据框 DataFrame 进行同样的计算。在数据框中提供的 apply 中，不仅可以使用 np.max，还可以将各种函数应用于数组的各行和各列。以下示例先定义了一个函数来计算无偏估计量，然后通过 apply 对各行进行计算。

```
>>> df = pd.DataFrame(X)                # 生成数据框架

>>> # 极大似然估计的平均值
>>> np.mean(df.apply(np.max, axis=1))
0.9105524471320469

>>> # 无偏估计量的平均值
>>> np.mean(df.apply(lambda x:(n+1)/n*np.max(x), axis=1))
1.0016076918452514
```

虽然计算均匀分布的参数 θ 很容易，但涉及复杂的统计模型时，通常很难构建一个无偏估计量。极大似然估计可以应用在大多数的统计模型中，只是能否获得最大化问题的全局最优解取决于统计模型的性质。

6.4.2 示例：统计模型的参数估计

本小节介绍一个更加现实的关于统计模型的极大似然估计的示例，即通过血型估计血型遗传的比例。血型有 A、B、AB、O 四种，等位基因有 a、b、o 三种，对应关系见表 6.1。

表 6.1 血型的遗传规律

血　型	遗传会出现的血型	人　数
A	aa、ao、oa	n_A
B	bb、bo、ob	n_B
AB	ab、ba	n_{AB}
O	oo	n_O

如果等位基因 a、b、o 的比例为 θ_a、θ_b、θ_o，则以下等式成立：

$$\theta_a + \theta_b + \theta_o = 1(\theta_a、\theta_b、\theta_o \geqslant 0)$$
$$P_r(A) = \theta_a^2 + 2\theta_a\theta_o$$
$$P_r(B) = \theta_b^2 + 2\theta_b\theta_o$$
$$P_r(AB) = 2\theta_a\theta_b$$
$$P_r(O) = \theta_o^2$$

假设每种血型（表型）的人数为 n_A、n_B、n_{AB}、n_O（此为观测数据），则此时统计模型 $P_r(X; \theta_a,\theta_b, \theta_o)(X$=A、B、AB、O)的对数似然函数如下：

$$\begin{aligned}\ell(\theta_a,\theta_b,\theta_o) &= \log P_r(A)^{n_A} P_r(B)^{n_B} P_r(AB)^{n_{AB}} P_r(O)^{n_O} \\ &= n_A \log({\theta_a}^2 + 2\theta_a\theta_o) + n_B \log({\theta_b}^2 + 2\theta_b\theta_o) \\ &\quad + n_{AB} \log(2\theta_a\theta_b) + n_O \log({\theta_o}^2)\end{aligned}$$

如果可以在遵守约束 $\theta_a + \theta_b + \theta_o = 1(\theta_a \geqslant 0,\ \theta_b \geqslant 0,\ \theta_o \geqslant 0)$的情况下进行最大化，则可以得到极大似然估计量。其计算程序如下所示，这里使用了 scipy.optimize 中的 fmin 进行最优化。由于默认情况下 fmin 是执行最小化，因此，将负的对数似然定义为优化的函数。将此文件保存在 common 文件夹中，文件名为 bloodtype.py。

```
# coding: utf-8
# 保存为 common/bloodtype.py
import numpy as np
from scipy.optimize import fmin

# 负的对数似然
# theta = np.array([thetaA, thetaB]); n = np.array([nA, nB, nAB, nO])
def nlikelihood(theta,n):
    a = theta[0]; b = theta[1]; o = 1-a-b
    p = np.array([a**2+2*a*o, b**2+2*b*o, 2*a*b, o**2])
    return(-np.sum(n * np.log(p)))

# 极大似然估计量的计算
# 输入: n = np.array([nA, nB, nAB, nO])
# 输出: [thetaA, thetaB, thetaO]
def mle(n):
    # 以初始值[1/3,1/3]进行最小化
    sol = fmin(nlikelihood, [1/3,1/3], args=(n,))
    return(np.array([sol[0], sol[1], 1-np.sum(sol)]))

>>> # 由血型估计遗传会出现的血型的比例
>>> from common import bloodtype as bt

>>> # 如 A 为 40 人, B 为 30 人, AB 为 10 人, O 为 20 人
>>> n = np.array([40,30,10,20])
>>> # 极大似然估计量的计算
>>> bt.mle(n)
Optimization terminated successfully.
         Current function value: 128.937985
         Iterations: 29
         Function evaluations: 55
array([0.29787785, 0.22930651, 0.47281564])
```

举例来说，如果 A 型为 40 人，B 型为 30 人，AB 型为 10 人，O 型为 20 人，则可以得到关于等位基因概率的估计值：

$$\hat{\theta}_{\mathrm{a}} = 0.29787785,\quad \hat{\theta}_{\mathrm{b}} = 0.22930651,\quad \hat{\theta}_{\mathrm{o}} = 0.47281564$$

6.5 贝叶斯估计

贝叶斯估计是一种通过假设数据的统计模型 $p(x;\ \theta)$的参数 θ 的概率分布进行估计的方法。使用贝叶斯估计也有可能存在假设的参数空间上的概

率分布与实际数据所生成的不符的情况。但是，如果可以将参数作为随机变量考虑，相比极大似然估计等方法的准确率，贝叶斯估计有可能达到更好的水平。贝叶斯估计与正则化学习有关。事实上，贝叶斯估计是机器学习领域不断发展的条件方法的理论基础，例如支持向量机（第 10 章）和稀疏学习（第 11 章）等方法。此外，由于贝叶斯估计可以使用采样方法等各种近似解法，因此在计算方面具有优势。

下面使用一个简单的模型解释贝叶斯估计的概念。假设数据 x 是根据概率分布 $p(x \mid \theta)$ 生成的，同时假设参数 θ 是由参数空间的概率分布 $q(\theta)$ 生成的，这种分布称为**先验分布**。在贝叶斯估计中，估计的结果由数据的条件分布 $q(\theta \mid x)$ 表示，称为**后验分布**。根据贝叶斯公式，可以得到如下表达式：

$$q(\theta \mid x) = \frac{q(\theta) p(x \mid \theta)}{\int q(\theta') p(x \mid \theta') \mathrm{d}\theta'} \propto q(\theta) p(x \mid \theta)$$

将先验分布乘以统计模型，就得到了与后验分布成正比的函数。

贝叶斯估计的计算效率取决于分母的积分的计算效率，用正态分布模型很容易计算。但如果模型复杂且参数是高维度的，则积分计算会变得更困难。对于这一点，目前发展出了各种近似的计算方法。

下面介绍线性回归模型的贝叶斯估计方法。对于统计模型，有如下表达式。

$$y_i = \theta^{\mathrm{T}} x_i + \varepsilon_i, \varepsilon_i \sim N(0, \sigma^2) \qquad (i = 1, \cdots, n)$$

为了估计参数 $\theta = (\theta_1, \cdots, \theta_d) \in R^d$ ，假设作为先验分布的正态分布如下：

$$q(\theta) = \prod_{k=1}^{d} \frac{1}{\sqrt{2\pi v}} \mathrm{e}^{-\theta_k{}^2/(2v)}$$

后验分布的对数如下：

$$-\frac{1}{2\sigma^2} \sum_{i=1}^{n} (y_i - \theta^{\mathrm{T}} x_i)^2 - \frac{1}{2v} \sum_{k=1}^{d} \theta_k{}^2$$

（省略与 θ 无关的项）。上述表达式涵盖了先验分布对对数似然函数的影响。可将上式对 θ 最大化并估计参数的方法称为**最大后验概率估计**。如果将方差 v 设置为较小的值并利用在原点附近取较大值的先验分布，则先验分布的影响变得较大且所估计的参数接近于零。最大后验概率估计与第 8 章中的岭回归和第 11 章中的稀疏学习等称为正则化学习的机器学习方法相关联。

6.6 混合模型和 EM 算法

假设数据背后隐藏着多个因素，通过将这些因素作为不可观察的潜在变量纳入统计模型，可以灵活地建立模型。通过这种方式建立的模型称为混合模型。

例如，设 x 是网络上的文本数据，该数据的主题（内容）可作为一个因子。假设根据主题（内容）的不同，文本中各词语的出现频率也不同，则文本数据的分布就可以用混合模型来表示。

因子为 k 的状况使用潜在变量 z 表示为 $z=k$。设其概率如下：

$$P_{\mathrm{r}}(z=k)=q_k$$

此时数据 x 的概率密度为 $p(x;\theta_k)$。由于没有观察到潜在变量，因此我们将如下被 z 边缘化的混合模型

$$\sum_{k=1}^{K} q_k p(x;\theta_k) \tag{6.3}$$

作为统计模型，参数为 $\eta=(\{q_k\}_{k=1}^{K},\{\theta_k\}_{k=1}^{K})$。若数据是离散的，则通常设 $p(x;\theta_k)$ 为伯努利分布或者多项式分布；若数据是连续的，则通常设 $p(x;\theta_k)$ 为正态分布。每个基础的模型 $p(x;\theta_k)$ $(k=1, \cdots, K)$ 称为模型组件。

当观察到数据 $x_1, \cdots, x_n$ 时，可使用 **EM 算法**作为获得统计模型（6.3）的极大似然估计方法。EM 算法被广泛应用于混合模型。需要注意的是，似然及对数似然对于参数 η 而言并非是凸函数，因此不能保证会获得全局解。

EM 算法如下，目标是在获得数据 $x_1, \cdots, x_n$ 时找到最小化负对数似然函数

$$\ell(\eta)=-\sum_{i=1}^{n}\log\left[\sum_{k=1}^{K}q_k p(x_i;\theta_k)\right]$$

的参数。由于对数式中存在求和计算，因此微分公式的计算变得有些复杂。为了避免这种情况，我们引入了一个辅助变量 γ_{ik}，以便将其简化为一个简单的计算。辅助变量是满足 $\sum_{k=1}^{K}\gamma_{ik}=1(i=1,\cdots,n)$ 的正值。这样，由负对数的凸性可得到如下表达式（参见第 11 章和第 13 章）：

$$\ell(\eta)=-\log\left(\sum_{k=1}^{K}\gamma_{ik}\frac{q_k p(x_i;\theta_k)}{\gamma_{ik}}\right)\leqslant-\sum_{i=1}^{n}\sum_{k=1}^{K}\gamma_{ik}\log\frac{q_k p(x_i;\theta_k)}{\gamma_{ik}} \tag{6.4}$$

使得式（6.4）中的 γ_{ik} 和 q_k 满足以下关系式：

$$\gamma_{ik}=\frac{q_k p(x_i;\theta_k)}{\sum_{k'=1}^{K} q_{k'} p(x_i;\theta_{k'})}$$

$$q_k=\frac{\sum_{i=1}^{n}\gamma_{ik}}{\sum_{k'=1}^{K}\sum_{i=1}^{n}\gamma_{ik'}}=\frac{\sum_{i=1}^{n}\gamma_{ik}}{n}$$

此外，当γ_{ik}和q_k不变时，最小化表达式（6.4）的θ_k作为下式

$$\min_{\theta_k} -\sum_{i=1}^{n}\gamma_{ik}\log p(x_i;\theta_k)$$

的解给出。这是对权重为γ_{ik}的数据x_i的模型$p(x;\theta)$的极大似然估计量。

由上述计算可知，通过重复计算基础的统计模型$p(x;\theta)$的加权极大似然估计，可以得到混合模型的极大似然估计。在计算的每个步骤中，混合模型的负对数似然的上限（6.4）单调减少。此外，EM 算法的收敛目标是对数似然的局部解。图 6.7 给出了 EM 算法的具体计算过程。

■ EM 算法

初始值：设置参数$\{\theta_k\}$和$\{q_k\}$的初始值。

重复：在$t=1, 2,\cdots$的情况下，重复以下操作，直到上限值[式（6.4）]收敛。

步骤 1　计算参数γ_{ik}和$q_k(i=1,\cdots,n, k=1,\cdots,K)$。

$$\gamma_{ik}=\frac{q_k p(x_i;\theta_k)}{\sum_{k'=1}^{K} q_{k'} p(x_i;\theta_{k'})}$$

$$q_k=\frac{\sum_{i=1}^{n}\gamma_{ik}}{\sum_{k'=1}^{K}\sum_{i=1}^{n}\gamma_{ik'}}=\frac{\sum_{i=1}^{n}\gamma_{ik}}{n}$$

步骤 2　求解以下最优化问题，求取参数$\theta_k\ (k=1,\cdots,K)$。

$$\min_{\theta_k} -\sum_{i=1}^{n}\gamma_{ik}\log p(x_i;\theta_k)$$

输出：混合模型的参数$\{\theta_k\}_{k=1}^{K}$，$\{q_k\}_{k=1}^{K}$。

图 6.7　EM 算法

混合模型通常用于聚类分析。为此，我们从贝叶斯估计（6.5 节）的角度来解释混合模型。设混合概率 q_k 作为参数 θ_k 的先验分布，则可以得到属于聚类 k 的数据 x 的后验分布：

$$p(k \mid x) = \frac{q_k p(x \mid \theta_k)}{\sum_{k'=1}^{K} q_{k'} p(x \mid \theta_{k'})} \quad (k = 1, \cdots, K)$$

在此基础上，可以对训练数据和测试数据进行聚类分析。关于以正态分布为基础模型的聚类分析，可参见第 9 章。

下面展示一个将混合多维伯努利分布应用于手写的数字图像数据的示例（见图 6.7）。每个图像数据均对应于从 0 到 9 的标签，数据由 UCI 存储库提供。在本示例中，训练数据为 csv 文件，存储在 data/optdigits_train.csv 文件中。

图像是黑白的，由向量 $x = (x_1, \cdots, x_d)$ 表示。这里假设图像 x 的每个元素都取对应于黑白的值 0 和 1，并且独立地服从伯努利分布。如果每个元素的概率如下：

$$P_{\rm r}(x_i = 1) = p_i$$

$$P_{\rm r}(x_i = 0) = 1 - p_i$$

则多维伯努利分布的概率表示为

$$P_{\rm r}[x = (x_1, \cdots, x_d)] = \prod_{i=1}^{d} p_i^{x_i} (1 - p_i)^{1 - x_i} \quad (x \in \{0,1\}^d)$$

接下来介绍混合分布。如果第 k 个模型组件的分布为多维伯努利分布 $\prod_{i=1}^{d} p_{ki}^{x_i} (1 - p_{ki})^{1 - x_i}$，且混合概率为 q_k，则混合多维伯努利分布为

$$P_{\rm r}[x = (x_1, \cdots, x_d)] = \sum_{k=1}^{K} q_k \prod_{i=1}^{d} p_{ki}^{x_i} (1 - p_{ki})^{1 - x_i}$$

为了估计参数 p_{ki}，q_k $(i = 1, \cdots, d, k = 1, \cdots, K)$，下面编写一个程序实现 EM 算法。将以下程序保存在 common 文件夹中，文件名为 statmodelEMalg.py。首先设置聚类数为 K，然后使用 fit、predict 等方法估计混合伯努利分布的参数并进行聚类分析。

```
# coding: utf-8
# 文件保存为 common/statmodelEMalg.py
import numpy as np
```

```
class EMmixBernoulli:
    def __init__(self, K=5, maxitr=1000, tol=1e-5, succ=3):
        self.K = K                                  # 模型组件数
        self.maxitr = maxitr                        # EM 算法的最大循环次数
        self.tol = tol; self.succ = succ            # 判定收敛的参数
    # EM 算法
    def fit(self, x):
        K = self.K; maxitr = self.maxitr
        tol = self.tol; succ = self.succ
        n,d = x.shape                               # 数据量 n 和维数 d
        eps = np.finfo(float).eps
        # 设定模型组件初始值
        mu = np.mean(x)
        p = np.random.beta(mu, 1-mu, size=K*d).reshape(K,d)
        q = np.repeat(1/K,K)                        # 混合概率的初始值
        ul = np.inf
        converge_ = False
        succ_dec = np.repeat(False,succ)e
        # 更新参数
        for itr in np.arange(maxitr):
            # 计算多维伯努利分布的概率
            mp=(np.exp(np.dot(np.log(p),x.T)
                +np.dot(np.log(1-p),1-x.T)).T*q).T
            # 更新 gmm、q、p。通过 np.clip 防止发散
            gmm = np.clip(mp/np.sum(mp,0),eps,1-eps)
            q = np.clip(np.sum(gmm,1)/n,eps,1-eps)
            p = np.clip((np.dot(gmm,x).T/(n*q)).T,eps,1-eps)
            # 负的对数似然
            lp = np.dot(np.log(p),x.T) + np.dot(np.log(1-p),1-x.T)
            uln = -np.sum(gmm*((lp.T + np.log(q)).T-np.log(gmm)))
            succ_dec = np.append((ul-uln>0)and(ul-uln<tol),
                                 succ_dec)[:succ]
            # 停止条件：收敛量连续 succ 次小于 tol
            if all(succ_dec):
                converge_ = True
                break
            ul = uln
        BIC = ul+0.5*(d*K+(K-1))*np.log(n) # BIC
        self.p = p; self.q = q; self.BIC = BIC; self.gmm = gmm
        self.converge_ = converge_; self.itr = itr
        return self
    # 聚簇所属概率
```

```
    def predict_proba(self, newx):
        p = self.p; q = self.q
        # 联合概率
        jp = np.exp(np.dot(np.log(p),newx.T)
                    +np.dot(np.log(1-p),1-newx.T)).T*q
        # 边缘概率
        mp = np.sum(jp,1)
        # 条件概率
        cp = (jp.T/mp).T
        return cp
    # 聚簇预测
    def predict(self, newx):
        # 条件概率的计算
        cp = self.predict_proba(newx)
        cl = np.argmax(cp,axis=1)
        return cl
```

下面运行程序，找出每个数据所属的模型组件与数字编号标签的对应关系。

```
>>> # 加载函数 EMmixBernoulli
>>> from common.statmodelEMalg import EMmixBernoulli
>>> # 读入数据
>>> a = pd.read_csv('data/optdigits_train.csv')
>>> x = a.values[:,0:64]>8      # 16 级灰度的 8 以下为 0，9 以上转换为 1
>>> x.shape                     # 3823 样本 64 维数据
(3822, 64)
>>> y = a.values[:,64]          # 每个图像数据的标签，不用于估计混合模型

>>> # 通过混合伯努利分布估计数据分布
>>> em = EMmixBernoulli(K=10)  # 由 10 个模型组件生成实例
>>> em.fit(x)                   # 通过 EM 算法估计参数
>>> ec = em.predict(x)          # 对训练数据进行聚类分析
```

下面分析聚类分析的结果和手写数字标签之间的对应关系。这里使用 np.unique，令 y[ec==0]，提取分配给属于第一个模型组件的数据的标签，每个标签均由 np.unique 计数。

```
>>> # 显示属于第一个模型组件（索引为 0）的数据的标签
>>> u,c = np.unique(y[ec==0], return_counts=True)
>>> np.c_[u,c].T
array([[2, 3, 4, 5, 7, 9],
       [3, 3, 18, 1, 321, 6]])
```

```
>>> # 显示属于第三个模型组件的数据的标签
>>> u,c = np.unique(y[ec==2], return_counts=True)
>>> np.c_[u,c].T
array([[ 0, 1, 3, 4, 5, 7, 8, 9],
       [ 1, 2, 7, 86, 25, 57, 3, 105]])
```

在上面的例子中，我们可以看到混合模型的模型组件 $p(x;\theta_1)$ 大致对应于标签 7，而 $p(x;\theta_3)$ 大致对应于标签 9。由于初始值是随机设置的，因此对应关系在每次执行后都会有所不同。

设模型组件的数量为 5，则可得到如下情况。

```
>>> em.K = 5                        # 设模型组件数为 5
>>> em.fit(x)                       # 通过 EM 算法估计参数
>>> ec = em.predict(x)              # 聚类分析

>>> # 显示属于第三个模型组件的数据的标签
>>> u,c = np.unique(y[ec==2], return_counts=True)
>>> np.c_[u,c].T
array([[0, 1, 3, 4, 5, 6, 7, 8, 9],
       [2, 175, 1, 314, 12, 5, 5, 8, 56]])
```

第三个模型组件对应的标签主要是 4 和 1。直观来看，具有相似形状的数字组合在一起形成某个模型组件。

信息准则（AIC、BIC 等）可用于确定混合数 K。若需要选择尽可能小的 K 时，推荐使用 BIC；若有点复杂但又希望减少预测误差时，推荐使用 AIC。需要注意的是，混合模型有一些数学上难以处理的问题，如参数的识别，BIC 可以计算如下：

$$\mathrm{BIC} = \ell(\eta) + \frac{\dim\eta}{2}\log n$$

维度 $\dim\eta$ 越大，统计模型的负对数似然具有变小的趋势，而 BIC 中的第二项却会变大。通过权衡，可以选择得到大小合适的统计模型。

在上述存在 5 个模型组件的执行示例中，BIC 值如下所示。

```
>>> em.BIC
81311.91858596477
```

计算模型组件数量 $K = 5 \sim 50$ 的 BIC 并选择模型。

```
>>> # 模型组件数目的候选（参数维度为 324 ~ 3249）
>>> eml = EMmixBernoulli()
```

```
>>> Klist = np.arange(4,51)
>>> BIClist = np.array([])
>>> for K in Klist:
...     eml.K = K                          # 设定模型组件数量
...     eml.fit(x)                         # 通过 EM 算法估计参数
...     BIClist = np.append(BIClist, eml.BIC)
>>> Klist[np.argmin(BIClist)]              # BIC 为最小的模型组件数
21

>>> # 绘图
>>> plt.xlabel("K"); plt.ylabel("BIC")
>>> plt.plot(Klist,BIClist,'o',color='b')
>>> plt.show()
```

结果如图 6.8 所示。从图中可以看出，如果模型组件数量过多，混合模型会对数据过拟合。在本示例中，使 BIC 最小化的 $K=21$，实际上是 10 个聚簇的标记数据，但是作为混合模型估计时，模型组件的数量大于标签的数量。但是，当 K 为 16 ~ 33 时，BIC 值没有太大的差异。另一种方法是进行检验并选择没有显著性差异的最小的 K。

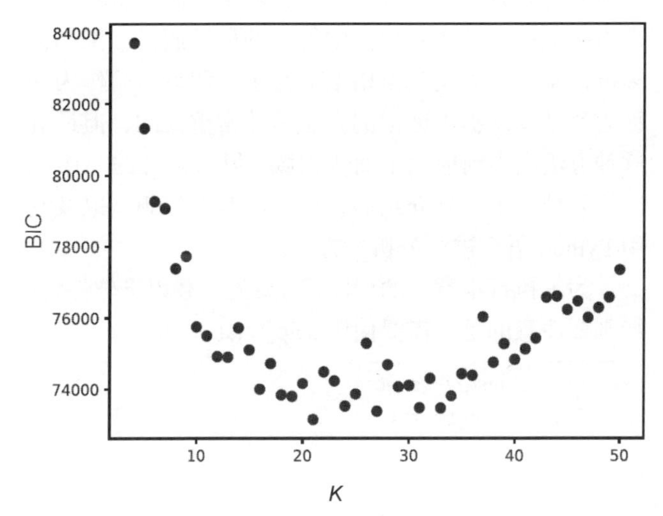

图 6.8　由 BIC 确定模型组件数（横轴是模型组件数 K，纵轴是 BIC 的值）

第 7 章

假设检验

假设检验是一种根据数据判断所提出的假设是否正确的统计方法。在各个科学领域中，假设检验可用来检验从观测及实验数据中得出的科学假设。例如，多重检验可用来发现希格斯玻色子。假设检验作为一种为科学发现提供证据的方法是非常重要的，但最近这种方法也逐渐应用于商业领域、网页设计的 AB 测试等领域。本章将介绍假设检验的基本思想，以及利用 Python 语言进行分析的方法。

为了执行本章中的程序，需要先加载以下软件包。特别要注意的是，需要使用 scipy.stats 模块。

```
>>> import numpy as np
>>> from scipy import stats
```

7.1 假设检验的组成

首先介绍基本术语。原假设和备择假设是假设检验的基本概念。

- 原假设（H_0）：需要检验的假设。
- 备择假设（H_1）：当 H_0 被拒绝时所接受的假设。

以抛硬币为例，当正面出现的概率为 p 时，如果假设如下：

$$H_0{:}p=\frac{1}{2},\ H_1{:}p\neq\frac{1}{2}$$

则可检验硬币是否公平（质地均匀）。如果假设如下：

$$H_0{:}p\leqslant\frac{1}{2},\ H_1{:}p>\frac{1}{2}$$

则可检验硬币的正面是否很难出现朝上的情况。

下面解释假设检验的概念。

- 当基于原假设 H_0 的情况下，只能以很小的概率观测得到的数据时，则判定 H_0 不成立，接受 H_1。例如，当要检验硬币的正反面出现的概率是相同的假设时，如果抛掷 10 次，每次都是正面朝上，则该假设很可能是不成立的。
- 设置一个称为**显著性水平**的值 α 作为判断数据是否可能更容易出现的标准。该 α 通常设置为一个较小的值，如 0.05 或 0.01。如果事件发生的概率低于显著性水平，则判断为发生了偶然事件。例如，当抛掷一枚质地均匀的硬币 10 次时，每次正面或背面出现的概率约为 0.00195，9 次均为正面或背面出现的概率大约为 0.0215。假设显著性水平为 $\alpha=0.01$，如果抛掷 10 次均出现正面或反面，则认为观测到了偶然事件。
- 观测到的判断为“原假设 H_0 不成立”的数据集 W 称为**拒绝域**，即得到如下关系。

$$拒绝\ H_0 \Leftarrow\Rightarrow 观测数据落入拒绝域\ W$$

在显著性水平 α 的检验中，可使用满足下述关系的拒绝域 W：基于原假设 H_0 有 P_r(数据$\in W$)$\leqslant\alpha$。

如果基于 H_0 的情况下发生了不太可能发生的事件(概率小于等于 α)，则拒绝 H_0。

现将上述内容总结如下。

假设检验的步骤

1）确定原假设 H_0 和备择假设 H_1。

2）确定显著性水平 α，并确定拒绝区域 W。

3）观测数据 $X_1,\cdots,X_n$。

4）（a）数据落入拒绝域 W：判断 H_0 不成立并拒绝，接受 H_1。

（b）数据没有落入拒绝域 W：不拒绝 H_0。

并不能因为数据未落入拒绝域 W 中，就得出 H_0 成立的结论。根据观测所得数据的准确性而不拒绝 H_0 可以成为合理的解释。不拒绝 H_0 则表示保留判断的态度，可以认为是安全的假设检验的利用方法。

假设由数据 x 构成的统计量 $\phi(x)\in R$，如果它大于某个值 c，则拒绝原假设 H_0。此时，拒绝域可以表示为 $W=\{x\mid\phi(x)>c\}$。假设实际观测到的为数据 x_{ob}，在假设原假设成立的条件下，统计值 ϕ 的值大于 $\phi(x_{\text{ob}})$ 的概率称为 p 值。如果 p 值小于显著性水平，则拒绝 H_0[①]。

下面介绍对由正态分布观测到的数据进行检验的过程。假设数据服从以下分布：

$$X_1,\cdots,X_n \underset{\text{i.i.d.}}{\sim} N(\mu,\sigma^2) \tag{7.1}$$

当期望值 μ 和方差 σ^2 未知时，执行以下检验，判断 μ 是否等于某个值 μ_0：

$$H_0:\mu=\mu_0,\ H_1:\mu\neq\mu_0 \tag{7.2}$$

由如上所示的通过对立的假设而进行的检验称为双边检验。设显著性水平为 $\alpha=0.05$，则有如下所示的期望值的估计量

$$\bar{X}_n=\frac{1}{n}\sum_{i=1}^{n}X_i$$

和下式的方差无偏估计量

$$S_n=\frac{1}{n-1}\sum_{i=1}^{n}(X_i-\bar{X}_n)^2$$

令 $Z_n=Z_n(X_1,\cdots,X_n)$ 为下式：

$$Z_n=\sqrt{n}\,\frac{\bar{X}_n-\mu_0}{\sqrt{S_n}}$$

如果 H_0 正确且 $\mu=\mu_0$ 成立，则 Z_n 服从具有自由度为 $n-1$ 的称为 t 分布的分

① 近年来，关于使用 p 值的讨论越来越多，详情可参考美国统计协会的声明（检索“p-value”“\ASA”等）。

布（表示为 t_{n-1}）（见图 7.1）。

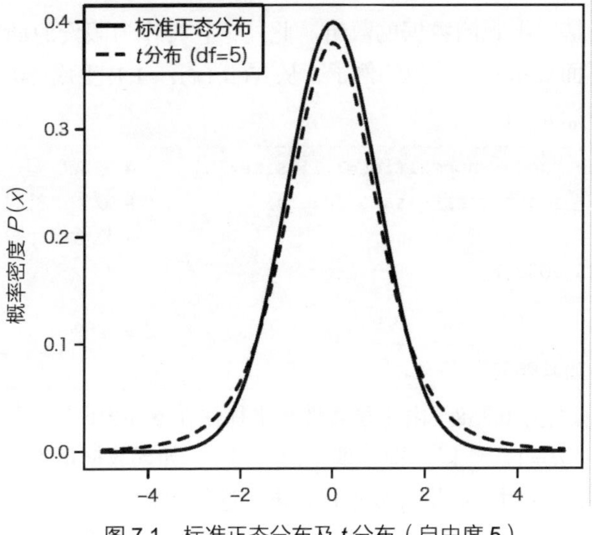

图 7.1　标准正态分布及 t 分布（自由度 5）

此时，如果自由度为 n–1 的 t 分布的上 α 分位点（2.5 节）为 $t_{n-1,\partial}$，则下式成立：

$$P_{\mathrm{r}}(|Z_n| \geqslant t_{n-1,\partial/2}) = \alpha$$

设拒绝域 W 如下所示。

$$W = \{(x_1,\cdots,x_n) \big| Z_n(x_1,\cdots,x_n) \big| \geqslant t_{n-1,0.025}\}$$

则可以构建显著性水平为 0.05 的检验。设观测数据为 $(x_1,\cdots,x_n)$，p 值由下式给出：

$$P_{\mathrm{r}}\ (|Z_n(x_1,\cdots,x_n)| \leqslant |T|) \quad (T \sim t_{n-1})$$

如果 p 值很小（$|Z_n(x_1,\cdots,x_n)|$ 很大），我们很难说原假设 H_0 正确，因此可以得出 H_1 是正确的结论。由于是利用服从 t 分布的检验统计量的双边检验，因此其称为双边 t 检验。

使用 Python 语言的 scipy.stats 模块中的 ttest_1samp 执行双边 t 检验。

```
>>> help(stats.ttest 1samp)
Signature: stats.ttest 1samp(a, popmean, axis=0, nan policy='propagate')
Docstring:
Calculates the T-test for the mean of ONE group of scores.

This is a two-sided test for the null hypothesis that the expected value
```

```
(mean) of a sample of independent observations 'a' is equal to the given
population mean, 'popmean'.
```

参数 a 是一组观测数据的数组。此外，它将作为假设的期望值代入 popmean。下面展示一个简单的例子，从 $N(\mu,1)(\mu=1.1)$ 生成 50 个数据并检验原假设 $H_0:\mu=1$。

```
>>> dat = np.random.normal(loc=1.1, size=50)      # 生成数据
>>> Z,pval = stats.ttest_1samp(dat,1)             # 双边 t 检验
>>> Z                                             # 检验统计量
0.96813421882305917

>>> pval                                          # p 值
0.33773182916310662
```

计算出的 p 值约为 0.338。由于显著性水平往往在 5%以下，因此判断不拒绝原假设 H_0：$\mu=1$。所以，即使期望值为 1.1，如果数据量不充分，也无法拒绝原假设。此时，应增加数据量并再次进行检验。

```
>>> dat = np.random.normal(loc=1.1, size=200)     # 数据量 200
>>> Z,pval = stats.ttest_1samp(dat,1)             # 双边 t 检验
>>> pval                                          # p 值
0.035764749238760045
```

令数据量为 200，则 p 值约为 0.0358，如果显著性水平为 5%，则会被拒绝。

接下来考虑以下单边检验：

$$H_0:\mu=\mu_0,\ H_1:\mu>\mu_0$$

备择假设 H_1 与双边检验时不同。在单边检验中，当 $\mu<\mu_0$ 不成立时，或者当 $\mu\geqslant\mu_0$ 几乎肯定为真时，判断 $\mu=\mu_0$ 是否正确。单边检验的 p 值由下式

$$P_r(Z_n(x_1,\cdots,x_n)\leqslant T)\qquad(T\sim t_{n-1})$$

给出。由于 ttest_1samp 没有单边检验的选项，因此单边检验的 p 值是根据双边检验的结果计算而来的。由于 t 分布是具有左右对称形式的分布，如果 $Z_n(x_1,\cdots,x_n)>0$，则下式成立：

$$2P_r[Z_n(x_1,\cdots,x_n)\leqslant T]=P_rZ_n(x_1,\cdots,x_n)\leqslant|T|)$$

因此，如果将双边检验的 p 值减半，则可以得出单边检验的 p 值。为此，可能存在单边检验的结果为拒绝，但在双边检验中却不被拒绝的情况。

```
>>> dat = np.random.normal(loc=1.1, size=200)     # 生成数据
```

```
>>> Z,pval = stats.ttest_1samp(dat,1)          # 双边 t 检验
>>> pval                                        # 双边检验的 p 值
0.0506697906533

>>> pval/2                                      # 单边检验的 p 值
0.0253348953267
```

接下来考虑双样本检验。观测两个数据集并检验生成它们的分布是否相等的问题称为**双样本检验**。例如，假设观测到以下两种类型的数据。

$$\begin{cases} x_1,\cdots,x_n \underset{\text{i.i.d.}}{\sim} N(\mu_1,\sigma_1^2) \\ y_1,\cdots,y_m \underset{\text{i.i.d.}}{\sim} N(\mu_2,\sigma_2^2) \end{cases} \tag{7.3}$$

此时，检验期望值的等价性问题$(H_0:\mu_1=\mu_2)$是一个典型的双样本检验示例。例如，关于男性和女性的身高数据，可以通过 scipy.stats 模块的 ttest_ind 进行上述双样本测试。但是，如果两个样本中的方差σ_1^2和σ_2^2并不总是相等，则 equal_var 选项必须设为 False（默认为 True）。

```
>>> # 生成数据
>>> x = np.random.normal(loc=1.1, size=100)
>>> y = np.random.normal(loc=1, size=500)

>>> # 双样本检验：假设方差相等
>>> Z,pval = stats.ttest_ind(x,y)
>>> pval
0.217291478008

>>> # 双样本检验：没有假设方差相等
>>> Z,pval = stats.ttest_ind(x,y,equal_var=False)
>>> pval
0.247409382727
```

由于当数据量相同且 x_i 和 y_i 成对时，下式成立：

$$x_1-y_1,\cdots,x_n-y_n \sim N(\mu_1-\mu_2,\sigma_1^2+\sigma_2^2)$$

因此可以看作观测到数据x_i-y_i并进行检验。例如，在临床数据等数据中，可以将患者 i 的治疗前的状态 x_i 和治疗后的状态 y_i 作为配对的数据进行处理。将数据进行变换，也可以作为单样本使用 ttest_1samp 进行检验，也可以作为双样本直接利用 ttest_rel 进行检验。

下面举个例子。设通过式（7.3）设置数据量为 $n=m=1000$，检验 $H_0:\mu_1=\mu_2$。在双边检验中，设备择假设为 $H_1:\mu_1\neq\mu_2$；在单边检验中，

设备择假设为 $H_1: \mu_1 > \mu_2$。

```
>>> # 生成数据
>>> x = np.random.normal(loc=1.1, scale=1, size=1000)
>>> y = np.random.normal(loc=1, scale=1.1, size=1000)

>>> # 双样本检验：没有假设方差相等
>>> Z,pval = stats.ttest_ind(x,y,equal_var=False)
>>> pval
0.0173193791275

>>> # 双样本检验（配对）
>>> Z,pval = stats.ttest_rel(x,y)
>>> pval
0.0196040874694

>>> # 双样本检验（配对）：变换数据，通过 ttest_1samp 进行计算
>>> Z,pval = stats.ttest_1samp(x-y,0)
>>> pval
0.0196040874694
```

ttest_rel (x, y)和 ttest_1samp (x−y, 0)具有相同的 p 值。在上面的数值例子中，期望值相等的假设在显著性水平为 5%的情况下被拒绝。

7.2 非参数检验

在双样本检验中，如果数据的分布不能特定为像正态分布的统计模型，则可以使用一种称为**非参数检验**的方法。“非参数”意味着不假设统计模型，其代表性的方法包括 Mann-Whitney U 检验（曼-惠特尼 ***U* 检验**）、**Kolmogorov-Smirnov 检验（KS 检验）**和排序检验等。由于这些检验并不对分布进行假设，因此通常在诸如学习算法的测试误差等分布为未知时使用。本节介绍曼-惠特尼 U 检验和 Kolmogorov-Smirnov 检验，有关排序检验请参阅 14.5 节。

曼-惠特尼 U 检验用于检验一维双样本数据 $\{x_i\}_{i=1}^n, \{y_j\}_{j=1}^m$ 的分布是否相同，其基本思想是将 $x_1, \cdots, x_n, y_1, \cdots, y_m$ 的 $m+n$ 个数据按从小到大排序，求出每个样本的各值出现的顺序和，称为 ***U* 统计量**。如果两个样本之间的期望值不同，对数据量的差异进行校正，则会导致每个样本的顺序和发生

较大变化。如果差异显著，则拒绝原假设。在 Python 语言中，可以使用 scipy.stats 中的 mannwhitneyu 执行曼-惠特尼 U 检验。

```
>>> from scipy import stats
>>> help(stats.mannwhitneyu)
mannwhitneyu(x, y, use_continuity=True, alternative=None)
   Compute the Mann-Whitney rank test on samples x and y.
```

参数 x 和 y 是双样本的数组。与 ttest_ind 一样，这里检验相互独立的双样本的期望值的等价性。对于 alternative 参数，可以从 less、two_sided、greater 三者中任选一个作为备择假设。alternative 参数默认为 None，当选择 two_sided 时返回 p 值的一半。

下面进行一些设置，尝试进行 U 检验。

```
>>> # 示例 1  服从相同分布的样本
>>> x = np.random.normal(loc=1,size=500)
>>> y = np.random.normal(loc=1,size=300)
>>> # 双边检验
>>> r,pval = stats.mannwhitneyu(x,y,alternative='two-sided')
>>> r                     # U 统计量
78597.0
>>> pval                  # p 值
0.25570428310171911

>>> # 示例 2  服从相同期望值的分布的样本（方差不同）
>>> x = np.random.normal(loc=1,scale=2,size=500)
>>> y = np.random.normal(loc=1,scale=1,size=300)
>>> # 双边检验
>>> r,pval = stats.mannwhitneyu(x,y,alternative='two-sided')
>>> r                     # U 统计量
72117.0
>>> pval                  # p 值
0.36231783832283226

>>> # 示例 3  服从不同期望值的分布的样本
>>> x = np.random.normal(loc=1.2, size=500)
>>> y = np.random.normal(loc=1, size=300)
>>> r,pval = stats.mannwhitneyu(x,y,alternative='two-sided')
>>> r                     # U 统计量
87042.0
>>> pval                  # p 值
0.00014153004397909712
```

在示例 1 和示例 2 中，两个样本分布的期望值是相同的，此时即使方差不同，p 值也不会减小。示例 3 的期望值不同，p 值约为 0.00014，可以断定拒绝分布的等价性的假设。

接下来介绍双样本检验中的 KS 检验。在 KS 检验中可以检测分布的差异，设 $\{x_i\}_{i=1}^{n}$ 和 $\{y_j\}_{j=1}^{m}$ 为两个一维数据，此时通过关注从数据中得到的分布函数的差异来构造检验统计量。当数据为二维或更高维度的数据时，可以使用各种数据转换方法，与常规检验方法相同。

在 Python 中，可以使用 scipy.stats 中的 ks_2samp 进行双样本的 KS 检验。

```
>>> help(stats.ks_2samp)
ks_2samp(data1, data2)
    Compute the Kolmogorov-Smirnov statistic on 2 samples.

    This is a two-sided test for the null hypothesis that 2 independent
    samples are drawn from the same continuous distribution.
```

输入双样本 data1 和 data2，检验分布是否不同，示例如下。与 U 检验不同，KS 检验可以检测具有相同期望值的不同分布的差异。

```
>>> # 服从相同分布的样本
>>> x = np.random.normal(loc=1,size=500)
>>> y = np.random.normal(loc=1,size=300)
>>> D,pval = stats.ks_2samp(x,y)
>>> D                      # 检验统计量
0.054666666666666655
>>> pval                   # p 值
0.6178261698044197З

>>> # 服从相同期望值且方差不同的分布的样本
>>> x = np.random.normal(loc=1,scale=2,size=500)
>>> y = np.random.normal(loc=1,scale=1,size=300)
>>> D,pval = stats.ks_2samp(x,y)
>>> D                      # 检验统计量
0.20533333333333331
>>> pval                   # p 值
2.0208682105851321e-07
```

U 检验适用于检验分布函数是否完全偏移，KS 检验适用于检验分布的差异。

7.3 方差分析

方差分析（Analysis of Variance，ANOVA）用于确定在实验条件存在差异的情况下是否会影响结果，具体来说，就是对两个或多个样本检验其期望值的等价性，也可以理解为是双样本检验的延伸。

假设在某种设定 i 的情况下进行重复观测，得到 n_i 个数据 $y_{i1},\cdots,y_{in_i}$。假设该数据的统计模型如下：

$$y_{ij}=\mu_i+\varepsilon_{ij}\quad (j=1,\cdots,n_i)$$

实验误差 ε_{ij} 独立服从于正态分布 $N(0,\sigma^2)$，共同的方差 σ^2 未知。另外，设 $i=1,\cdots,a$，此时进行以下假设检验：

$$H_0:\mu_1=\mu_2=\cdots=\mu_a$$

令备择假设 H_1 是 H_0 的否定，即“至少存在一个不同的期望值”。在方差分析术语中，影响观测值的设定称为因子，每个 $i=1,\cdots,a$ 称为一个级别。在上述问题中，设因子数为 1。这种情况下的假设检验称为单向方差分析。如果有两个因子，则期望值会有两个下标，如 $\mu_{i_1i_2}$，观测数据表示如下：

$$y_{i_1i_2j}=\mu_{i_1}\mu_{i_2}+\varepsilon_{i_1i_2j}$$

执行检验时的重要的统计量是所有数据的均值

$$\overline{y}_{..}=\frac{1}{n}\sum_{i,j}y_{ij}(n=\sum_{i=1}^{a}n_i)$$

以及每个级别的平均值

$$\overline{y}_{i.}=\frac{1}{n_i}\sum_{j=1}^{n}y_{ij}\quad (i=1,\cdots,a)$$

此时整体数据的方差为

$$\underbrace{\sum_{i,j}(y_{ij}-\overline{y}_{..})^2}_{\mathrm{SS_T}}=\underbrace{\sum_{i=1}^{a}n_i(\overline{y}_{i.}-\overline{y}_{..})^2}_{\mathrm{SS_B}}+\underbrace{\sum_{i,j}(y_{ij}-\overline{y}_{i.})^2}_{\mathrm{SS_W}}$$

式中，$\mathrm{SS_T}$ 为**总变异**；$\mathrm{SS_B}$ 为**组间变异**；$\mathrm{SS_W}$ 为**组内变异**。

当与 $\mathrm{SS_W}$ 相比较，$\mathrm{SS_B}$ 的值较大时，可以判断 μ_i 不同的可能性较高。

下面考虑以下统计量：

$$F=\frac{\mathrm{SS_B}/(a-1)}{\mathrm{SS_W}/(n-a)}=\frac{n-a}{a-1}\times\frac{\mathrm{SS_B}}{\mathrm{SS_W}}$$

当 H_0 正确时，统计量 F 为服从 **F 分布**的分布[更准确地说，自由度为$(a-1, n-a)$的 F 分布]；如果 H_0 不正确，则 SS_B 值会增加，F 的值会增大。F 分布的分位点可用于构建原假设 H_0 的拒绝域。单向方差分析结果如表 7.1 所示。

表 7.1　单向方差分析结果

项目	平方和	自由度	平均平方	F 的值
因子	SS_B	$a-1$	$\frac{SS_B}{a-1}$	F
残差	SS_W	$n-a$	$\frac{SS_W}{n-a}$	
合计	SS_T	$n-1$		

在 Python 中，可以使用 scipy.stats 模块的 f_oneway 进行方差分析，得到统计量 F 和 p。使用人工生成的数据示例如下所示。

```
>>> # 原假设正确：级别数为 5，各级别有 10 个数据
>>> x1,x2,x3,x4,x5 = np.random.normal(size=50).reshape(5,10)
>>> F,pval = stats.f_oneway(x1,x2,x3,x4,x5)
>>> F
1.4922712011847468
>>> pval
0.22048762252375326

>>> # 原假设不正确：级别数为 6，各级别有 20 个数据
>>> x1,x2,x3,x4,x5,x6 = np.r_[np.random.normal(size=100),
... np.random.normal(loc=0.7,size=20)].reshape(6,-1)
>>> F,pval = stats.f_oneway(x1,x2,x3,x4,x5,x6)
>>> F                    # 检验统计量
3.3718846984532451
>>> pval                 # p 值
0.0070557950148903061
```

以下是使用 Iris 数据的示例。Iris 是鸢尾花数据，对于不同种类（Species）的花，记录花萼长度（Sepal.Length）和宽度（Sepal.Width）等的测量值。

```
>>> from scipy import stats                  # 加载 scipy.stats
>>> # 从 sklearn 数据集中读入
>>> from sklearn.datasets import load_iris
>>> iris = load_iris()                       # 读入 Iris 数据

>>> # 通过 ANOVA 研究花的种类和花萼长度（sepal.length）的关系
```

```
>>> x0 = iris.data[iris.target==0,0]
>>> x1 = iris.data[iris.target==1,0]
>>> x2 = iris.data[iris.target==2,0]
>>> F,pval = stats.f_oneway(x0,x1,x2)
>>> F                                   # 检验统计量
119.26450218450468
>>> pval                                # p 值
1.6696691907693826e-31
```

以上示例得出的结论是 p 值减小，不同花型的花萼长度不同。

第三部分
机器学习的方法

第 8 章

回归分析的基础

当观测有监督学习的数据(x_i, y_i) $(i = 1, \cdots, n)$ 时，估计 x 和 y 之间的函数关系；同时，对于新的输入 x，预测所对应的输出 y 的问题。处理此类问题的统计方法总称为回归分析。回归分析可以用于科技、社会科学、商业等各种各样的领域中。

本章介绍一般的估计方法、离群值的处理方法及使用核函数进行灵活建模的方法等。稀疏回归和高斯过程将分别于第 11 章和第 13 章介绍。本章可参见参考文献[12]。

为了执行本章中的程序，需要加载以下软件包。

```
>>> import numpy as np
>>> import matplotlib.pyplot as plt
>>> import pandas as pd
>>> import statsmodels.api as sm
```

8.1 线性回归模型

目前有各种统计模型可以描述变量之间的函数关系。由线性函数组成的线性回归模型是统计模型的基础。

在线性回归模型中，对输入 $x=(x_1,\cdots,x_d)\in R^d$ 的输出 $y\in R$ 建模如下：

$$y=\theta_0+\theta_1x_1+\cdots+\theta_dx_d+\varepsilon \tag{8.1}$$

式中，θ_0，θ_1，…，θ_d 为决定函数形式的参数，称为回归系数或回归参数。

为了观测，允许存在误差 ε 的偏离。这里认为观测误差是随机的，并假设存在期望值和方差，具体表示如下：

$$E[\varepsilon]=0,\ V[\varepsilon]=\sigma^2$$

由观测的数据估计 θ_0，θ_1，…，θ_d 和 σ^2，并用于预测。表达式（8.1）称为线性回归模型，是因为函数部分 $\theta_0+\theta_1x_1+\cdots+\theta_dx_d$ 是关于参数 θ_0，θ_1，…，θ_d 的线性形式表达。图 8.1 显示了当给定数据点时，使用 $d=1$ 的线性回归模型，数据呈直线分布的示例。

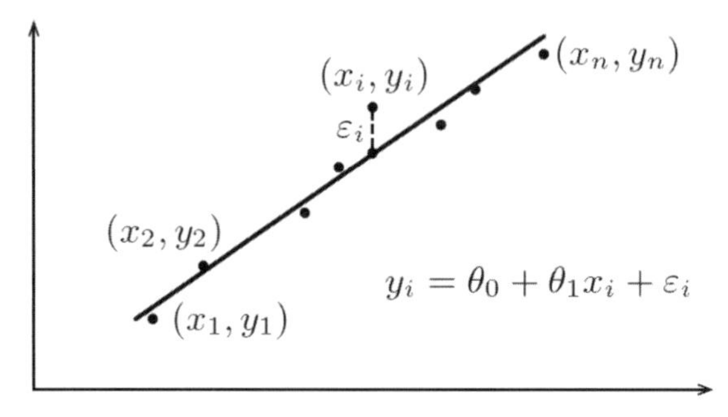

图 8.1　由线性回归模型估计

对于更为通常的形式，也可以建模如下：

$$y=\theta_0+\theta_1\phi_1(x)+\cdots+\theta_D\phi_D(x)+\varepsilon \tag{8.2}$$

式中，$\phi_1(x),\cdots,\phi_D(x)$ 为适当的基函数。通过恰当地选择基函数，可以表现各种形式的函数。如果输入为一维，且选择如 $\phi_k(x)=x^k\ (k=1,\cdots,D)$ 的幂函数，则表达式（8.2）为 D 次多项式模型。这样的泛化使得模型比表达式（8.1）更具表现力，但由于参数的线性，其估计过程几乎是相同的。但是，当维度 D 较大时，需要在计算上下功夫。式（8.1）和式（8.2）的函数部分 $\theta_0+\theta_1x_1+\cdots+\theta_dx_d$ 或者 $\theta_0+\theta_1\phi_1(x)+\cdots+\theta_D\phi_D(x)$ 称为回归函数。

8.2 最小二乘法

假设有通用模型（8.2），当得到数据$(x_1, y_1),\cdots,(x_n, y_n)$时，调整参数使得平方误差最小化的调整方法称为**最小二乘法**，具体表示如下：

$$\sum_{i=1}^{n}\{y_i-[\theta_0+\theta_1\phi_1(x_i)+\cdots+\theta_D\phi_D(x_i)]\}^2$$

估计得到的$\hat{\theta}=(\theta_0,\theta_1,\cdots,\theta_D)^{\mathrm{T}}$称为**最小二乘估计量**。通过线性运算，求得的解可以表示如下：

$$\hat{\theta}=(\boldsymbol{\Phi}^{\mathrm{T}}\boldsymbol{\Phi})^{-1}\boldsymbol{\Phi}^{\mathrm{T}}\boldsymbol{Y}$$

式中，$\boldsymbol{Y}$和$\boldsymbol{\Phi}$是如下所示的向量和矩阵。

$$\boldsymbol{Y}=\begin{pmatrix} y_1 \\ \vdots \\ y_n \end{pmatrix},\boldsymbol{\Phi}=\begin{pmatrix} 1 & \phi_1(x_1) & \dots & \phi_D(x_1) \\ \vdots & \vdots & \ddots & \vdots \\ 1 & \phi_1(x_n) & \dots & \phi_D(x_n) \end{pmatrix}$$

矩阵$\boldsymbol{\Phi}$称为**数据矩阵**（或设计矩阵）。如果逆矩阵不存在，则使用广义逆矩阵。

下面举一个简单的例子。首先读取数据，使用联合国数据（data/UN.csv），这是207个国家/地区的国内生产总值（GDP）和婴儿死亡率（infant.mortality）数据。利用np.isnan去除数据中的nan值，则变成如下193个国家/地区。

```
>>> # 读入数据
>>> UN = np.array(pd.read_csv('data/UN.csv').values[:,1:3]).\
... astype('float64')
>>> UN.shape                                    # 数据矩阵大小
(207, 2)

>>> UN = UN[~np.isnan(UN).any(axis=1),:]     # 去除包含 nan 值的数据
>>> UN.shape                          # 去除 nan 值的数据后的数据矩阵大小
(193, 2)
```

绘制双对数坐标图，如图8.2所示，以便应用于线性方程。在这里，我们以y=log(infant.mortality)和x=log(gdp)拟合如下线性模型。

$$y_i=\theta_0+\theta_1 x_i+\varepsilon_i \quad (i=1,\cdots,193)$$

通过statsmodels.api模块的OLS求得最小二乘估计量，使用 add_constant将常量项θ_0的列增加到数据矩阵。

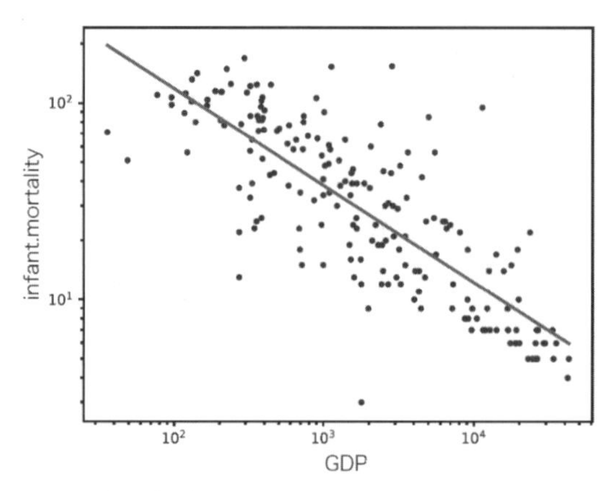

图 8.2　各国家/地区 GDP 和婴儿死亡率的双对数坐标图
（实线是通过最小二乘法估计的函数）

```
>>> logUN = np.log(UN)                          # 数据进行对数变换
>>> # 数据
>>> x = logUN[:,1].reshape(-1,1); y = logUN[:,0]
>>> xc = sm.add_constant(x)                     # 增加常数项的列
>>> lf = sm.OLS(y,xc).fit()                     # 最小二乘法
>>> lf.params                                   # 估计的常量项和系数
array([7.0452008, -0.49320262])
```

此外，可以使用 summary 或 summary2 检查结果的摘要。

```
>>> lf.summary2()
<class 'statsmodels.iolib.summary2.Summary'>
"""
                 Results: Ordinary least squares
=================================================================
Model:              OLS              Adj. R-squared:    0.654
Dependent Variable: y                AIC:               348.5429
Date:               2018-08-04 15:57 BIC: 355.0683
No. Observations:   193              Log-Likelihood:    -172.27
Df Model:           1                F-statistic:       363.7
Df Residuals:       191              Prob(F-statistic): 4.32e-46
R-squared:          0.656            Scale:             0.35266
------------------------------------------------------------------
        Coef.   Std.Err. t       P>|t|    [0.025   0.975]
------------------------------------------------------------------
const   7.0452  0.1991   35.3790 0.0000   6.6524   7.4380
x1      -0.4932 0.0259   -19.0697 0.0000  -0.5442  -0.4422
-----------------------------------------------------------------
Omnibus:          10.055      Durbin-Watson:        1.864
```

```
Prob(Omnibus):    0.007       Jarque-Bera (JB):     21.166
Skew:             0.097       Prob(JB):             0.000
Kurtosis:         4.611       Condition No.:        36
==============================================================
"""
```

作为计算结果，国内生产总值（GDP）与婴儿死亡率（infant.mortality）之间的关系可以估计为如下表达式：

$$\log(\text{infant.mortality}) = 7.0452 - 0.4932 \times \log(\text{GDP}) + \text{误差}$$

该函数如图 8.2 中的实线所示，该图以下述方式绘制。

```
>>> tx = np.linspace(x.min(),x.max(),100).reshape(-1,1) # 预测点的生成
>>> txc = sm.add_constant(tx)
>>> py = lf.predict(txc)                                # 预测值
>>> plt.xlabel('GDP'); plt.ylabel('infant.mortality')
>>> plt.xscale("log"); plt.yscale("log")
>>> plt.scatter(UN[:,1],UN[:,0], s=10, c='blue')       # 数据点的绘制
>>> plt.plot(np.exp(tx),np.exp(py),'r-',lw=3)          # 预测结果的绘制
>>> plt.show()
```

总体上来看，通过以上方法可以得到婴儿死亡率与 GDP 的平方根成反比的结果。

8.3 稳健回归

当数据中混有离群值时，估计量受离群值影响很大，存在得到无意义结果的风险。自动减少离群值的影响的估计方法称为**稳健估计**（鲁棒估计）。

5.1 节的主成分分析中使用的 Davis 数据包含离群值的数据，当体重 w_i(kg)的函数通过与高度 h_i(cm)相关的形式表示时，回归函数通过如下最小二乘法进行估计。

```
>>> # 读入 Davis 的体重和身高数据
>>> dat=np.array(pd.read_csv('data/Davis.csv').values[:,1:3]).\
... astype('float64')
>>> dat = dat[~np.isnan(dat).any(axis=1),:] # 去除包含 nan 值的数据
>>> x = dat[:,0].reshape(-1,1)              # 身高(cm)
>>> y = dat[:,-1]                           # 体重(kg)的数据矩阵
>>> xc = sm.add_constant(x)                 # 向数据矩阵中加入常量项的列
```

```
>>> lf = sm.OLS(y, xc).fit()       # 最小二乘法
>>> lf.params                      # 回归系数的估计值：(常量项，斜率)
array([1.60093116e+02, 1.50864502e-01])
```

因此，h 和 w 之间的关系大致为 $h=160.0931+0.1509w+\varepsilon$。将该结果绘图，如图 8.3 中的虚线（最小二乘法）所示，估计的结果似乎受到右下方数据的相当大的影响。由于该数据存在记录错误的可能性，因此去除该数据而应用最小二乘法时，结果如下：

```
>>> # 去除离群值而应用最小二乘法
>>> lfr = sm.OLS(np.delete(y,11,0), np.delete(xc,11,0)).fit()
>>> lfr.params                     # 估计的回归系数
array([136.83660744,   0.51689358])
```

通过去除一个离群值，斜率的估计值在 0.1509 ~ 0.5169 间变动，结果如图 8.3 中交叉的长短虚线[最小二乘法（无离群值）]。

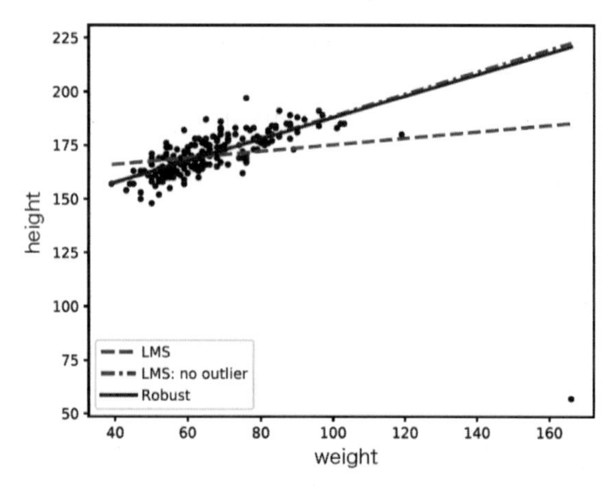

图 8.3　右下方有离群值的数据[最小二乘法（虚线）、去除离群值的数据的最小二乘法（点状虚线）、稳健回归（实线）]

如同该例所示，对于小规模且低维数据，实际上可以通过查看数据确定哪些是离群值。但是，在处理大规模且高维数据时，或者即使是小规模数据但是需要反复进行统计处理时，都需要一种能够自动处理离群值的方法。为此人们开发了许多估计方法。使用 statsmodels.api 模块的 RLM 进行估计，得到回归系数具有鲁棒性。规模（标准偏差）的估计也具有鲁棒性。

```
>>> rf = sm.RLM(y,xc).fit()        # 基于 Hubber 损失的稳健估计
>>> rf.params                      # 估计的回归系数
```

```
array([137.81427721, 0.50076743])
>>> rf.scale                     # 估计的比例（标准偏差）
5.7176346561692615
>>> rf.summary2()                # 结果的摘要信息
<class 'statsmodels.iolib.summary2.Summary'>
"""
            Results: Robust linear model
==========================================================
Model:                RLM             Df Residuals:    198
Dependent Variable:   y               Norm:            HuberT
Date:                 2018-08-04 16:30 Scale Est.:     mad
No. Observations:     200             Cov. Type:       H1
Df Model:             1               Scale:           5.7176
-----------------------------------------------------------
        Coef.    Std.Err. z         P>|z|     [0.025   0.975]
----------------------------------------------------------
const  137.8143  1.7453   78.9642  0.0000   134.3936 141.2350
x1      0.5008   0.0259   19.3678  0.0000    0.4501    0.5514
==========================================================
"""
```

预测值可以用 predict 计算，估计的结果如图 8.3 中的实线所示。稳健估计方法给出的结果与去除离群值后的估计结果几乎相同。图 8.3 中的绘图如下所示。

```
>>> # 预测点的生成
>>> tx = np.linspace(x.min(),x.max(),100).reshape(-1,1)
>>> txc = sm.add_constant(tx)

>>> # 绘图
>>> plt.xlabel('weight'); plt.ylabel('height')
>>> plt.scatter(x,y,s=10,c='black')
>>> plt.plot(tx,lf.predict(txc), 'r--',lw=3) # 最小二乘法
>>> plt.plot(tx,lfr.predict(txc),'g-.',lw=4) # 去除离群值的最小二乘法
>>> plt.plot(tx,rf.predict(txc), 'b-', lw=3) # 稳健估计
>>> plt.show()
```

在稳健估计中，利用图 8.4 中的 Hubber 损失而不是残差的平方误差。该损失在接近 0 处为二次函数，而在稍微偏离 0 处则为一次函数。假设 Hubber 损失函数为 ψ，则通过稳健估计近似求解以下优化问题，以求得 θ。

$$\min_{\theta}\sum_{i=1}^{n}\psi\left(\frac{y_i-(\theta_0+\theta_1x_1+\cdots+\theta_dx_d)}{s}\right)$$

式中，s 为对应于标准偏差的尺度参数。

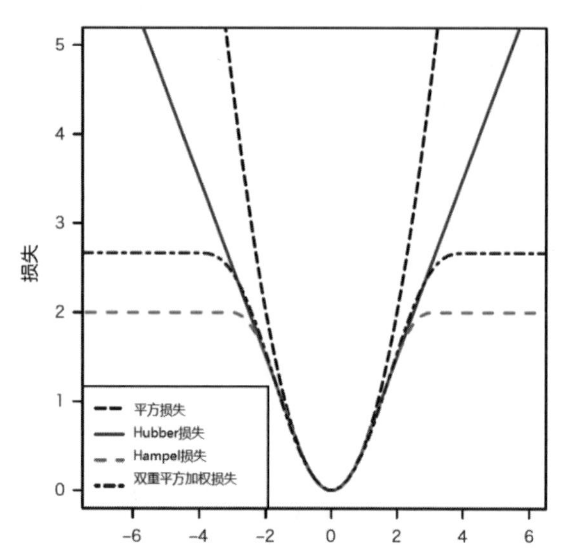

图 8.4　平方损失，稳健估计中的 Hubber 损失、Hampel 损失、双重平方加权损失

最小化算法使用迭代重新加权的最小二乘法（Iterated Re-weighted Least Squares，IRLS），以求得 θ。尺度 s 通过一种利用残差的中位数的称为 rescaled MAD 统计的方法进行计算，并在每次迭代时更新。稳健回归中使用的另一个损失函数是 hampel 损失（RLM 选项为 M = sm.robust.norms.Hampel())或者 Tukey 双重平方权重损失(同样的，M=sm.robust.norms.TukeyBiweight())。上述估计的结果如下：

```
>>> # Hampel 损失
>>> rfh = sm.RLM(y,xc,M=sm.robust.norms.Hampel()).fit()
>>> rfh.params
array([136.24027068, 0.52543712])
>>> rfh.scale
5.4209899820247136

>>> # Tukey 双重平方权重损失
>>> rfb = sm.RLM(y,xc,M=sm.robust.norms.TukeyBiweight()).fit()
>>> rfb.params
array([135.63061588, 0.53426083])
>>> rfb.scale
5.453397062997567
```

通过观察估计所得的参数，可以看到离群值的影响被进一步抑制。实际上，估计的函数斜率（约 0.53）比 Hubber 损失时增大，且尺度的估计值（约 5.4）减小。

如上所述，当观测数据中可能存在离群值时，稳健回归方法对于执行可靠的数据分析有很大的实用价值。

8.4 岭回归

线性回归模型对数据的适应能力取决于基函数 $\phi_1(x), \cdots, \phi_D(x)$。将模型应用于复杂数据时，通常需要很多基函数。因此，考虑根据不同的数据，准备多个基函数，以便能够恰当地调整模型的适应能力。岭回归是用于此目的的典型方法，其最初是为了在真实数据中当数据矩阵 $\boldsymbol{\Phi}$ 接近退化时稳定计算而提出的。在近几年的数据分析中，岭回归常用于在数据分析中调整模型的适应能力。

这里将表达式（8.2）设置为统计模型，其中将维度 D 设置为与数据的数量相同。使用这样的模型，最小二乘法的结果如图 8.5 所示，对未来数据的预测准确度减小。这种现象称为**过拟合**（或者过度拟合）。如何防止过拟合是统计学习中的一个重要问题。

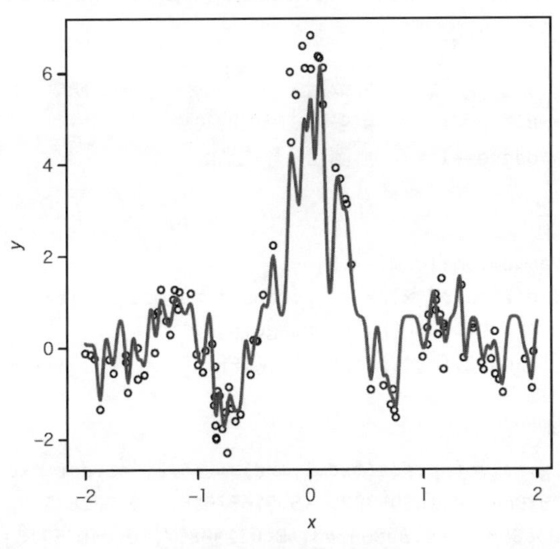

图 8.5　训练数据过拟合

为了防止过拟合，可对 θ 施加适当的约束进行估计。例如，可以考虑将基函数的系数 θ_1，…，θ_D 限定在一定的范围内，将平方误差最小化。具体来说，在岭回归中，适当地对正数 C 加以约束，如下：

$$\sum_{k=1}^{D}\theta_k{}^2 \leqslant C$$

其他的例子，还有在稀疏学习中加入 L_1 范数约束，该部分内容将在第 11 章中说明。在上述约束条件下进行优化平方误差，对于适当的参数 $\alpha > 0$，与求使得下式为最小化的 $\theta = (\theta_0, \theta_1, \cdots, \theta_D)$ 是等价的。

$$\sum_{i=1}^{n}\{y_i - [\theta_0 + \theta_1\phi_1(x_i) + \cdots + \theta_D\phi_D(x_i)]\}^2 + \alpha\sum_{k=1}^{D}\theta_k{}^2 \qquad (8.3)$$

采用式（8.3）的估计方法称为**岭回归**。这里，式（8.3）的第二项称为**正则化项**，α 称为**正则化参数**。正则化参数 α 较大，则线性回归模型的适应能力受到抑制。通常，正则化项中不包括常量项 θ_0。当正则化参数为 α 时，估计量如下所示。

$$\theta_\alpha = [\boldsymbol{\Phi}^{\mathrm{T}}\boldsymbol{\Phi} + \alpha(\boldsymbol{I} - E_{11})]^{-1}\boldsymbol{\Phi}^{\mathrm{T}}\boldsymbol{Y} \qquad (8.4)$$

式中，$\boldsymbol{I}$ 为**单位矩阵**；$\boldsymbol{E}_{11}$ 为(1, 1)分量为 1，其他分量为 0 的正方矩阵。单位矩阵 $\boldsymbol{I}$ 减去矩阵 $\boldsymbol{E}_{11}$ 表示正则化项中不包括 θ_0。使用 np.identity 生成单位矩阵。

下面举一个岭回归的例子。使用表达式（8.4），令 α=1 对回归系数进行估计。

```
>>> n = 100                    # 数据量
>>> degree = 8                 # 多项式模型的次数
>>> pardim = degree+1          # 回归系数的维度

>>> # 生成数据
>>> x = np.random.uniform(-2,2,n)
>>> y = np.sin(2*np.pi*x)/x + np.random.normal(scale=0.5,size=n)
>>> mxc = np.power.outer(x,np.arange(pardim))          # 数据矩阵
>>> IE = np.identity(mxc.shape[1]); IE[0,0] = 0       # 矩阵 I-E_11

>>> # 回归系数的估计值
>>> np.linalg.solve(np.dot(mxc.T,mxc) + 1*IE, np.dot(mxc.T,y))
array([3.59903064, 0.16595382, -5.51657056, -0.02283529, 2.7991321,
       -0.08688509, -0.59865043, 0.02130857, 0.04635716])
```

使用与上例相同的数据，多个候选 α 对参数 θ 进行估计，并绘制回归

函数（见图 8.6）。4.2 节中的交叉验证方法常用于确定正则化参数 α。

```
>>> plt.scatter(x,y,c='black',s=10)                # 绘制数据点
>>> tx = np.linspace(-2,2,100)                     # 测试点
>>> tpx = np.power.outer(tx,np.arange(pardim))     # 在测试点上的数据矩阵
>>> a = np.array([0, 2**(-6), 1, 2**6])            # 正则化参数的候选
>>> ls = ['-','--','-.',':']                       # 绘图中的线型
>>> for i in np.arange(a.size):
...     theta = np.linalg.solve(np.dot(mxc.T,mxc)+a[i]*IE,
...     np.dot(mxc.T,y))
...     py = np.dot(tpx,theta)                     # 预测值
...     # 绘图
...     plt.plot(tx,py,label="reg. par: "+str(round(a[i],3)),
...     ls=ls[i],lw=2)
>>> plt.legend()
>>> plt.show()
```

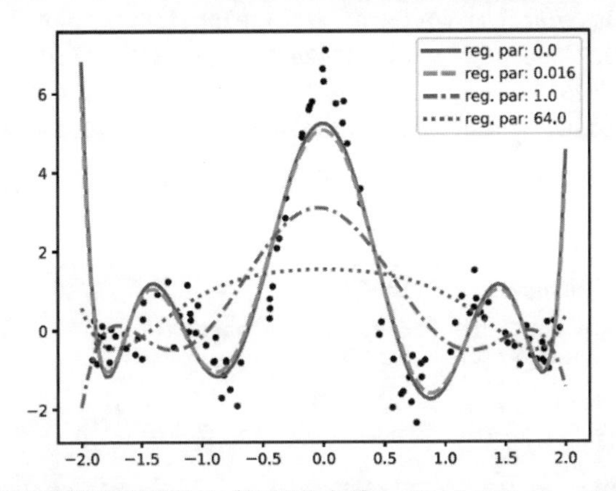

图 8.6　通过岭回归进行函数估计（正则化参数 α= 0、0.016、1、64 时的预测值）

在 Python 中，可以在 statsmodels.api 模块中的 OLS.fit_regularized 中将选项 L1_wt 设置为 0，根据岭回归进行估计。正则化参数用 alpha 进行设置，标量值 alpha 对应于式（8.3）中的 α。此外，如果给定数组，则可以为每个参数单独设置正则化参数。

```
>>> # 数据生成的设置
>>> n = 100; degree = 8; pardim = degree+1
>>> x = np.random.uniform(-2,2,n)
>>> y = np.sin(2*np.pi*x)/x + np.random.normal(scale=0.5,size=n)

>>> # 数据矩阵
```

```
>>> mx = np.power.outer(x,np.arange(pardim))

>>> # 正则化参数的设置：正则化项中不包含常量项
>>> alpha = 0.01; rp = np.r_[0,np.repeat(alpha/n,degree)]

>>> # 岭回归
>>> ri = sm.OLS(y,mx).fit_regularized(alpha=rp, L1_wt=0)

>>> # 估计的回归系数
>>> ri.params
array([5.10922456e+00, -9.01614341e-03, -1.98626445e+01,
       -3.07975957e-01, 1.95610823e+01, 2.41323211e-01,
       -7.00128437e+00, -4.55885167e-02, 8.24613259e-01])
```

在上面的例子中，估计的回归系数存储在 ri.params 中，可以确认它与根据式（8.4）估计的回归系数一致。

```
>>> np.linalg.solve(np.dot(mx.T,mx) + alpha*IE, np.dot(mx.T,y))
array([5.10922456e+00, -9.01614342e-03, -1.98626445e+01,
       -3.07975957e-01, 1.95610823e+01, 2.41323211e-01,
       -7.00128437e+00, -4.55885167e-02, 8.24613259e-01])
```

如果将预测点处的数据矩阵赋予 predict，则可以计算出预测值，绘制预测结果，如图 8.7 所示。

```
>>> tx = np.linspace(-2,2,100)          # 预测点
>>> txc = np.power.outer(tx,np.arange(pardim))
>>> py = ri.predict(txc)                # 预测值
>>> plt.scatter(x,y,c='black',s=10)     # 绘制数据点
>>> plt.plot(tx,py)
>>> plt.show()
```

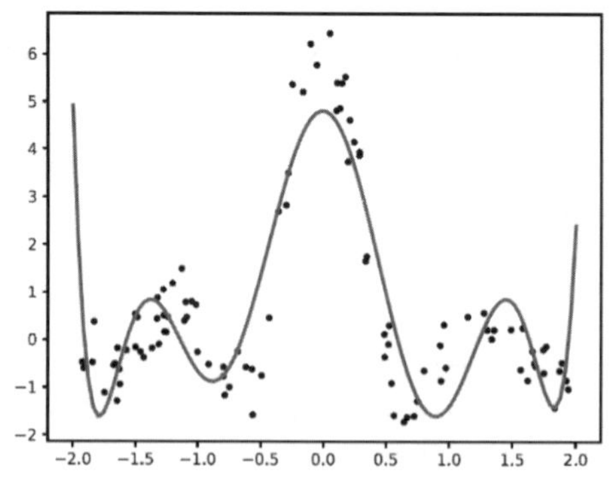

图 8.7　通过 sm.OLS.fit_regularized 得到的岭回归的结果（正则化参数 $\alpha = 0.01$）

8.5 核回归分析

下面考虑使用基函数$\phi_i(x)(i=1,\cdots,D)$估计回归函数的情况。具有高维数D的模型可以用于处理各种各样的数据，但是计算成本将增高。如果使用核函数而不是基函数来表达统计模型，那么即使维数D非常大，也可以高效地计算回归函数。这种想法发展为一种称为核方法的通用的统计方法。下面介绍使用核函数进行回归分析的方法，并给出计算实例。关于核方法理论的详细解释，请参见参考文献[13]。

由于这里假设维度D很大的情况，因此执行含有正则化项的岭回归。问题（8.3）中$(\theta_1,\cdots,\theta_D)^T$的最优解可以用$n$个向量

$$\phi_j=\begin{pmatrix}\phi_1(x_j)\\ \vdots \\ \phi_D(x_j)\end{pmatrix}\quad (j=1,\cdots,n)$$

的线性和表示。这是因为当没有与向量$\phi_1,\cdots,\phi_n$正交的分量时，表达式（8.3）的值将变小。因此，令参数$\theta=(\theta_0,\theta_1,\cdots,\theta_D)$的搜索范围如下：

$$\theta_0\in R,\begin{pmatrix}\theta_1\\ \vdots \\ \theta_d\end{pmatrix}=\sum_{j=1}^{n}\beta_j\phi_j\quad (\beta_1,\cdots,\beta_n\in R) \tag{8.5}$$

求得最优解。即使维数D大于数据量n，优化得到的参数量最多也不会超过数据量。我们正在考虑的优化问题是一样的，但是通过改变表达式会更容易解决。

对于基函数$\phi_1(x),\cdots,\ \phi_D(x)$，定义核函数$k(x,x')$为下式：

$$k(x,x')=\sum_{d=1}^{D}\phi_d(x)\phi_d(x')$$

通过表达式（8.5），回归函数如下：

$$\theta_0+\theta_1\phi_1(x)+\cdots+\theta_D\phi_D(x)=\theta_0+\beta_1k(x_1,x)+\cdots+\beta_nk(x_n,x)$$

正则化项表示如下：

$$\sum_{i=1}^{D}\theta_i^2=\sum_{i=1}^{n}\sum_{j=1}^{n}\beta_i\beta_jk(x_i,x_j)$$

因此，问题（8.3）等价于下式：

$$\sum_{i=1}^{n}\{y_i-[\theta_0+\beta_1 k(x_1,x_i)+\cdots+\beta_n k(x_n,x_i)]\}^2+\alpha\sum_{i=1}^{n}\sum_{j=1}^{n}\beta_i\beta_j k(x_i,x_j) \quad (8.6)$$

可以通过最小化参数 θ_0，β_1，⋯，β_n 来估计回归函数。求解使式（8.6）最小化的参数。设 $n\times n$ 矩阵 $\boldsymbol{K}$ 如下：

$$\boldsymbol{K}=\begin{bmatrix} k(x_1,x_1) & \cdots & k(x_1,x_n) \\ \vdots & \ddots & \vdots \\ k(x_n,x_1) & \cdots & k(x_n,x_n) \end{bmatrix}$$

该矩阵称为**核函数 $\boldsymbol{k}$ 的格拉姆矩阵**（Gram 矩阵）。使用格拉姆矩阵 $\boldsymbol{K}$ 和向量 $\boldsymbol{y}=(y_1,\cdots,y_n)^{\mathrm{T}}$，$\boldsymbol{\beta}=(\beta_1,\cdots,\beta_n)^{\mathrm{T}}\in R^n$，则表达式（8.6）的极值条件如下：

$$\begin{pmatrix} 1 & K+\alpha I \\ n & 1^{\mathrm{T}}K \end{pmatrix}\begin{pmatrix} \theta_0 \\ \beta \end{pmatrix}=\begin{pmatrix} y \\ 1^{\mathrm{T}}y \end{pmatrix} \quad (8.7)$$

求解这个线性方程则可以得到回归函数。如果 $\alpha>0$，则解唯一存在。

下面介绍一些核函数的例子。

线性核函数：

$$k(x,x')=x^{\mathrm{T}}x'$$

多项式核函数：

$$k(x,x')=(\gamma x^{\mathrm{T}}x'+C)^D \qquad (D=1,2,3,\cdots)$$

高斯核函数：

$$k(x,x')=\exp\{-\gamma\|x-x'\|^2\} \quad (\gamma>0)$$

式中，$\|\cdot\|$ 为欧几里得范数[①]。

Sigmoid 核函数：

$$k(x,x')=\tanh(\gamma x^{\mathrm{T}}x'+c)$$

多项式核函数与使用 D 次多项式的统计模型相同。高斯核函数等价于使用由无限多个适当的基函数 $\phi_1(x),\phi_2(x),\cdots$ 生成的统计模型。实际上，当高斯核函数中的 $\sigma=1$ 时，对于 $x\in R$，设

$$\phi_j(x)=\frac{x^j}{\sqrt{j!}}\mathrm{e}^{-x^2/2}$$

① $\|x\|=\sqrt{\sum_{i=1}^{d}x_i^2}$。

可以确认下式成立：

$$k(x,x') = \sum_{d=0}^{\infty} \phi_j(x)\phi_j(x')$$

因此，通过高斯核函数估计回归函数，需要使用无限维的统计模型。即使在这种情况下，回归函数的估计[式（8.3）]（没有近似的情况）也可以归结为有限维数的优化问题[式（8.7）]。

注意：

sigmoid 核函数不满足核函数的定义。实际上，不存在相应的基函数[①]。但是，由于它经常作为神经网络的激活函数用于数据分析，因此核回归分析也可以作为其中的一个选项。

在 Python 中，可以使用 sklearn.kernel ridge 模块中的 KernelRidge 执行核回归分析。使用以下选项设置核函数：

- 线性核函数：linear。
- 多项式核函数：polynomial。
- 高斯核函数：rbf。
- Sigmoid 核函数：sigmoid。

核函数中包含的参数 γ 和 c 分别由选项 gamma 和 coef0 指定。另外，多项式核函数的维数 D 由 degree 指定，默认值为 3。coef0 的默认值为 1，gamma 的默认值取决于核函数。例如，当核函数为高斯核函数时，sklearn.metrics.pairwise.rbf_kernel 的默认值，即数据 x 的维度的倒数设置为 gamma。

用 KernelRidge 的选项 alpha 设置正则化参数，通过 kernel 设置为核函数。

```
>>> from sklearn.kernel_ridge import KernelRidge
>>> ?KernelRidge
Init signature: KernelRidge(alpha=1, kernel='linear', gamma=None,
degree=3, coef0=1, kernel_params=None)
Docstring:
Kernel ridge regression.
```

如下为一个使用高斯核函数的数据分析示例。通过改变一些 gamma 的值，绘制回归函数的估计结果，如图 8.8（a）所示。

```
>>> from sklearn.kernel_ridge import KernelRidge
```

① 可以通过格拉姆矩阵不一定是非负数矩阵来证明。

```
>>> # 生成数据
>>> n = 100
>>> x = np.random.uniform(-2,2,n); X = x.reshape(-1,1)
>>> y = np.sin(2*np.pi*x)/x + np.random.normal(scale=0.5,size=n)
>>> tx = np.linspace(-2,2,100)                        # 测试点
>>> g = np.array([0.1,1,10,100])                      # gamma 的候选值
>>> l = ['-','--','-.',':']                           # 绘图的线型
>>> plt.title('Gauss kernel')
>>> plt.scatter(x,y,c='black',s=10)                   # 绘制测试点
>>> for i in np.arange(len(g)):                       # 核回归（高斯核函数）
...     kr = KernelRidge(alpha=1,kernel='rbf',gamma=g[i])
...     kr.fit(X, y)                                  # 拟合数据
...     py = kr.predict(tx.reshape(-1,1))             # 预测值的计算
...     plt.plot(tx,py,label="gamma: "+str(round(g[i],3)),ls=l[i],lw=2)
>>> plt.legend()
>>> plt.show()
```

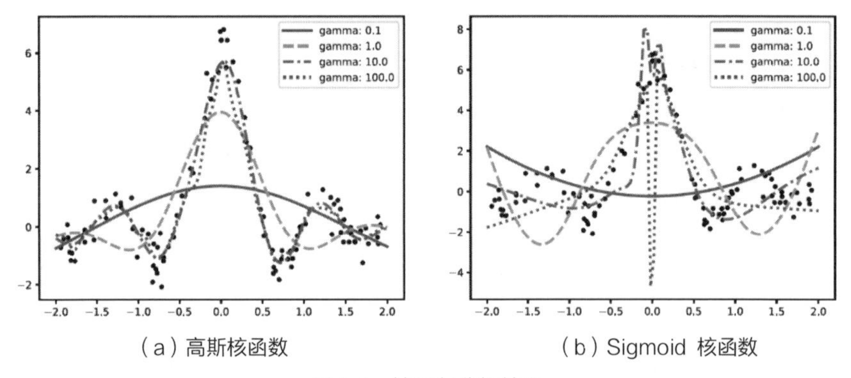

（a）高斯核函数　　（b）Sigmoid 核函数

图 8.8　核回归分析结果

在 KernelRidge 中，如果将设定的核函数选项由 kernel='rbf' 更改为 kernel='sigmoid'，则将使用 Sigmoid 核函数进行估计[见图 8.8（b）]。在这种情况下，当 gamma 值为 100 时，数值计算将变得不稳定。因此，不仅要正确设置正则化参数 alpha，还要恰当地设置 gamma。

第 9 章

聚类分析

聚类分析即将相似的数据点汇聚在一起。基于这一基本概念，首先需要定义相似度，在相似度的基础上将相近的数据点归为一组。如果没有正确地定义将哪些点分在哪组的问题，则会造成计算量非常巨大。本章将介绍一种聚类方法，可以在避免产生此类问题的同时给出统计上有效的结果。

为了执行本章中的程序，需要加载以下软件包。

```
>>> import numpy as np
>>> import scipy as sp
>>> import matplotlib.pyplot as plt
>>> import pandas as pd
>>> from sklearn import cluster, datasets
>>> from sklearn.preprocessing import scale
>>> from sklearn.decomposition import PCA
```

9.1 k 均值算法

给定数据点 $x_1,\cdots,x_n \in R^d$，将它们分成 k 组 $C_1,\cdots,C_k$。由于没有输出标签，因此如何分组由衡量各点的接近程度的距离尺度决定。首先，取各组的质心点 $\mu_1,\mu_2,\cdots,\mu_k \in R^d$，将点 x 分配到离得最靠近的质心点的组（见图 9.1）。

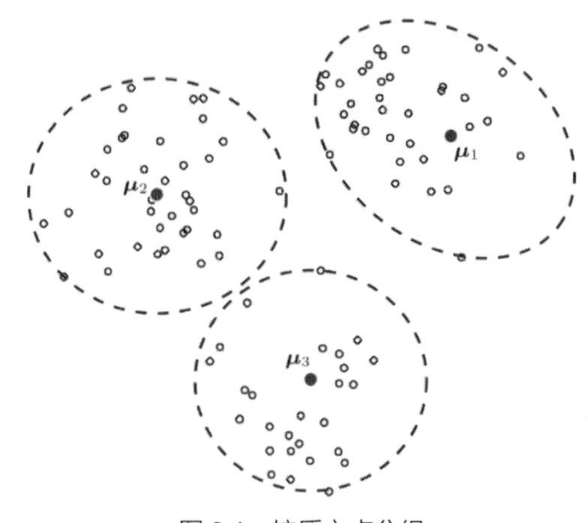

图 9.1　按质心点分组

当两点之间的距离（不局限于欧几里得距离）为 $d(x,x')$ 时，分组损失定义如下：

$$\sum_{\ell=1}^{k}\sum_{x\in C_\ell} d(x,\mu_\ell)^2 \qquad (9.1)$$

分组聚集在一起的点越多，则该值越小。基于这种标准的聚类方法称为 ***k* 均值算法**。

下面计算标准欧几里得距离。设 $|C_\ell|$ 为包含在 C_ℓ 中的点数，假设属于分组 C_l 的点的平均向量为

$$\bar{x}_\ell = \frac{1}{|C_\ell|}\sum_{x\in C_\ell} x$$

则对于分组 $C_1,\cdots,C_k$，有下式成立：

$$\sum_{x\in C_\ell}\|x-\mu_\ell\|^2 \geqslant \sum_{x\in C_\ell}\|x-\bar{x}_\ell\|^2 \qquad (\ell=1,\cdots,k)$$

因此，在给定分组的情况下，如果 $\mu_\ell = \bar{x}_\ell (\ell = 1, \cdots, k)$，则式（9.1）为最小化。利用这种关系，可以构建使用欧几里得距离时的图 9.2 所示的 k 均值算法。

■ k 均值算法

输入：数据点 $x_1, \cdots, x_n \in R^d$，分组数为 k。

初始化：初始值设置为 $\mu_1, \mu_2, \cdots, \mu_k \in R^d$。

步骤 1　重复以下步骤：

1）更新分组 $C_1, \cdots, C_k$。

$$C_\ell = \{x_i \mid \| x_i - \mu_\ell \| \leqslant \| x_i - \mu_{\ell'} \|, \ell' \neq \ell\}$$

这里，各数据点均属于某一分组。

2）更新质心点：

$$\mu_\ell = \frac{1}{|C_\ell|} \sum_{x \in C_\ell} x \quad (\ell = 1, \cdots, k)$$

3）当损失[式（9.1）]的值收敛时，至步骤 2。

步骤 2　输出聚类分析的结果 $C_1, \cdots, C_k$。

图 9.2　k 均值算法

当使用欧氏距离之外的距离时，μ_ℓ 的计算一般并不容易。然而，通过数值最优化求得 μ_ℓ，并根据质心点更新 $C_1, \cdots, C_k$，可以构建一个损失单调减少的算法。

如果将聚类的损失视为点 $\mu_1, \mu_2, \cdots, \mu_k$ 的函数，则为非凸函数，因此不能保证通过图 9.2 所示的方法求得全局最优解。在实践中，需要改变质心点 $\mu_1, \mu_2, \cdots, \mu_k \in R^d$ 的某些初始值进行计算。

在 Python 中，可以利用 sklearn.cluster 模块中的 KMeans 进行 k 均值算法的聚类分析。通过选项 n_init 更改初始值来设置计算次数。由 sklearn.datasets.load_wine 读取 wine 数据，应用 k 均值算法的结果如下所示。每个数据向量中包含化学分析的结果（13 维）和产品类型的差异（3 种类型），通过从数据中去除产品类型信息来进行聚类分析，并比较结果。

```
>>> d = datasets.load_wine()        # 读入 wine 数据
>>> xs = scale(d.data)              # 数据的尺度缩放

>>> # 以 k=3 执行 k 均值算法：测试 10 种初始值
>>> km = cluster.KMeans(n_clusters=3, n_init=10)
>>> km.fit(xs)                      # 拟合
```

```
>>> cl = km.labels_                    # 数据点属于的聚类
```

数据通过主成分分析进行二维投影，并按产品类型和 k 均值算法进行分类并绘图（见图 9.3）。

```
>>> # 对数据进行主成分分析
>>> pc = PCA(n_components=2)
>>> pc.fit(xs)
>>> pxs = pc.transform(xs)           # 主成分得分

>>> # 按照产品类型分类绘图
>>> mk=['.','+','v']
>>> for i in np.arange(3):
>>>     idx=(d.target==i)
>>>     plt.scatter(pxs[idx,0],pxs[idx,1],marker=mk[i])
>>> plt.show()

>>> # 根据 k 均值算法分类绘图
>>> for i in np.arange(3):
>>>     idx=(cl==i)
>>>     plt.scatter(pxs[idx,0],pxs[idx,1],marker=mk[i])
>>> plt.show()
```

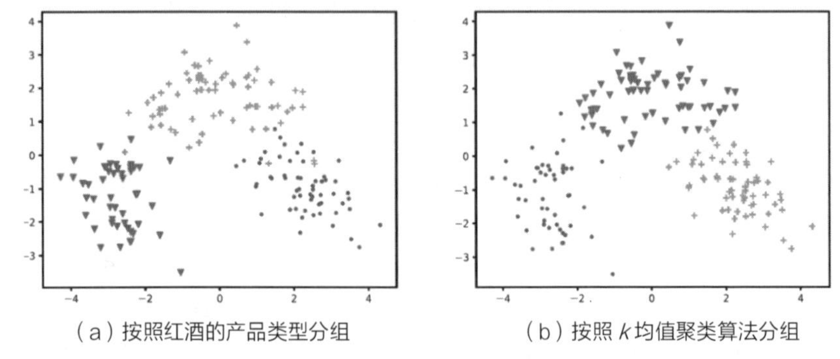

（a）按照红酒的产品类型分组　　（b）按照 k 均值聚类算法分组

图 9.3　wine 数据的聚类分析

由以上结果可以看出，对于该数据，化学分析的结果能够很好地反映产品类型之间的差异。

接下来将数据更改为 Iris（鸢尾花卉的测量数据）并进行计算。读取数据：

```
>>> d = datasets.load_iris()
```

与 wine 数据步骤相同，通过 k 均值算法进行聚类分析，绘制主成分得分。聚类数为 3，比较根据鸢尾花卉的类型进行聚类分析得到的标签结果和 k

均值算法得到的聚类结果。

由于聚类分析并不使用标签信息，因此无法定义哪个分组对应哪个标签，但可以看出每个分组和每个标签是如何相互对应的（见图 9.4）。如果标签边界的数据不多，可以根据聚类分析提取各组标签；反之，如果标签边界有大量数据，则聚类分析的结果和标签通常没有对应关系。

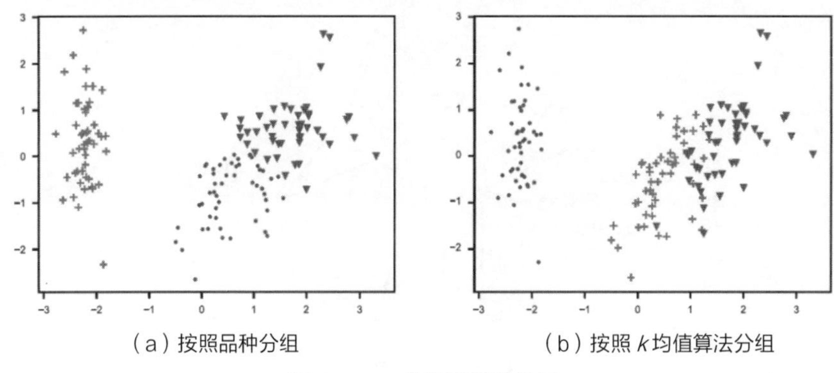

（a）按照品种分组　　（b）按照 k 均值算法分组

图 9.4　Iris 数据的聚类分析

9.2 谱聚类算法

9.2.1 图切割和聚类分析

设有数据集合 $X=\{x_1,\cdots,x_n\}$，这些数据不限于欧几里得空间中的点。此外，考虑在 X 的点之间定义相似度 $w(x_i,x_j)\geqslant 0$ 的情况。假设相似度满足对称性 $w(x_i,x_j)=w(x_j,x_i)$，此时点集被映射到欧几里得空间 R^k，使得相似度高的点在相互靠近的位置。对于 X 的聚类分析，是通过将 k 均值算法应用于上述结果来执行的①。这种聚类方法称为**谱聚类算法**[14]。

作为将相似度映射到 R^k 的一种方法，我们利用图切割（graph cut）的概念。图 G 由一组顶点 X 和一组顶点之间的边 $E\,(\subset X\times X)$组成，表示为 $G=(X,E)$。在本问题设置中，设 X 为顶点集，并假设边集 E 由 $w(x_i,x_j)\geqslant 0$ 的所有的数据对 (x_i,x_j) 组成。如果相似度为零，则不存在边。假设边没有

① 设 k 为映射目标空间的维数和聚类的组数，详细信息请参见 9.2.2 节的内容。

方向（无向边），不区分 (x_i, x_j) 和 (x_j, x_i)。将此图切割成 k 个子图，从而达到数据聚类的目的。

在这里，图切割是指去除一些边，将图分成多个分离的图（见图 9.5）。通过将图的顶点分为若干组并去除不同分组之间的边来切割图，在去除边时，以不同子图间边的相似度之和尽可能小的方式进行分组。

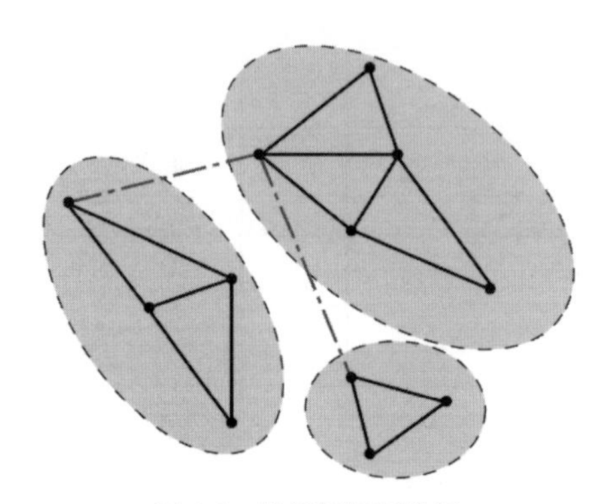

图 9.5　按照图切割分组

9.2.2　算法

考虑将数据点分组为 $C_1, \cdots, C_k$。C_ℓ 与其他分组的边的相似度之和如下：

$$\sum_{i \in C_\ell, j \notin C_\ell} w(x_i, x_j)$$

这是将分组的大小标准化，令分组 $C_1, \cdots, C_k$ 的损失定义如下：

$$\bar{L}_w(C_1, \cdots, C_k) = \sum_{\ell=1}^{k} \frac{1}{|C_\ell|} \sum_{i \in C_\ell, j \notin C_\ell} w(x_i, x_j)$$

这是使其最小化的分组，最适于基于图切割的标准。

损失 $\bar{L}_w$ 最小化是一个组合优化问题，当数据量很大时，一般很难找到精确的最小解。因此，我们将对问题稍作变化，使其更容易解决。这种方法在最优化中称为缓解方法。最优解会因缓解而改变，但这里将重点关注计算效率。

设表示数据分组的 $n \times k$ 矩阵 $\boldsymbol{H} = (h_{i\ell})$定义为下式：

$$h_{i\ell} = \begin{cases} \dfrac{1}{\sqrt{|C_\ell|}}, & x_i \in C_\ell \\ 0, & x_i \notin C_\ell \end{cases}$$

此时 $\boldsymbol{H}^{\mathrm{T}}\boldsymbol{H}$ 为 k 维单位矩阵。使用矩阵 $\boldsymbol{H}$，则损失 $\overline{L}_w$ 表示如下：

$$\overline{L}_w(C_1,\cdots,C_k)=\frac{1}{2}\sum_{\ell=1}^{k}\sum_{j=1}^{n}w(x_i,x_j)(h_{i\ell}-h_{j\ell})^2 \qquad (9.2)$$

其原因是下式成立：

$$(h_{i\ell}-h_{j\ell})^2=\begin{cases}\dfrac{1}{|C_\ell|}, & (i\in C_\ell \text{且} j\notin C_\ell)\text{或者是} \\ & (j\in C_\ell \text{且} i\notin C_\ell) \\ 0, & \text{其他}\end{cases}$$

其中，矩阵 $\boldsymbol{W}$ 定义为 $W_{ij}=w(x_i,x_j)$，n 阶对角矩阵 $\boldsymbol{D}$ 定义为 $D_{ij}=\sum_{j=1}^{n}W_{ij}\ (i=1,\cdots,n)$。若 $\boldsymbol{L}=\boldsymbol{D}-\boldsymbol{W}$，则如下公式成立：

$$\begin{aligned}\overline{L}_w(C_1,\cdots,C_k)&=\sum_{\ell=1}^{k}\sum_{i,j=1}^{n}W_{ij}h_{i,\ell}^2-\sum_{\ell=1}^{k}\sum_{i,j=1}^{n}W_{ij}h_{i,\ell}h_{j,\ell}\\&=\mathrm{tr}(\boldsymbol{H}^{\mathrm{T}}\boldsymbol{D}\boldsymbol{H})-\mathrm{tr}(\boldsymbol{H}^{\mathrm{T}}\boldsymbol{W}\boldsymbol{H})=\mathrm{tr}(\boldsymbol{H}^{\mathrm{T}}\boldsymbol{L}\boldsymbol{H})\end{aligned}$$

式中，L 为**图拉普拉斯算子**。

如果只考虑分组对应的矩阵 $\boldsymbol{H}$，则很难对 $\overline{L}_w(C_1,\cdots,C_k)$ 进行组合优化。因此，令 $\boldsymbol{H}\in R^{n\times k}$ 满足 $\boldsymbol{H}^{\mathrm{T}}\boldsymbol{H}=\boldsymbol{I}_k$（$k$ 维单位矩阵）的所有矩阵。令像这样扩展到 $\boldsymbol{H}$ 范围（缓和）的最优化问题为如下公式：

$$\min_{\boldsymbol{H}\in R^{n\times k}}\ \mathrm{tr}(\boldsymbol{H}^{\mathrm{T}}\boldsymbol{L}\boldsymbol{H}) \qquad \text{subject to } \boldsymbol{H}^{\mathrm{T}}\boldsymbol{H}=\boldsymbol{I}_k \qquad (9.3)$$

该问题的最优解是将 $\boldsymbol{L}$ 的 n 维特征向量以从最小特征值开始排列的 k 个矩阵的形式给出。由于 $\boldsymbol{L}$ 是一个非负定矩阵，因此特征值都是非负的。设问题（9.3）的最优解如下：

$$\boldsymbol{H}=\begin{bmatrix}h_1^{\mathrm{T}}\\ \vdots \\ h_n^{\mathrm{T}}\end{bmatrix}\in R^{n\times k}$$

使用由上述相似度确定的图拉普拉斯算子求出与每个数据 $x_i\in X$ 对应的点 $h_i\in R^k$ 的方法称为**局部保留投影**。

每个向量 $h_1,\cdots,h_n\in R^k$ 中包含关于每个数据 $x_1,\cdots,x_n$ 分组的信息。实际上，从与损失 $\overline{L}_w(C_1,\cdots,C_k)$ 的表达式（9.2）的对应关系来看，如果 x_i 和 x_j 属于同一组，则 h_i 和 h_j 应该是相似的。因此，可以直接用 $h_1,\cdots,h_n$ 通过标准的聚类方法（如 k 均值算法等）获得 X 的聚类。综上所述，谱聚类算法如图 9.6 所示。

■ 谱聚类算法

输入：数据 $X=\{x_1, \cdots, x_n\}$，每个数据的相似度为 $w(x_i, x_j)\geqslant 0$。

步骤 1　设 n 阶矩阵 $W=(W_{ij}), D=(D_{ij})(i,j=1, \cdots, n)$，具体如下：

$$W_{ij}=w(x_i,x_j), D_{ij}=\begin{cases}\sum_{k=1}^{n}W_{ik}, & i=j\\ 0, & i\neq j\end{cases}$$

令 $\boldsymbol{L}=\boldsymbol{D}-\boldsymbol{W}$。

步骤 2　从 $\boldsymbol{L}$ 的最小特征值开始找出 k 个特征值，对应 k 个 n 维特征向量的矩阵如下：

$$\boldsymbol{H}=\begin{bmatrix}h_1^{\mathrm{T}}\\ \vdots \\ h_n^{\mathrm{T}}\end{bmatrix}\in R^{n\times k} \quad (\text{这里 } \boldsymbol{H}^{\mathrm{T}}\boldsymbol{H}=\boldsymbol{I}_k)$$

步骤 3　对 $h_1, \cdots, h_n\in R^k$ 使用 k 均值算法。X 的聚类结果是通过关联 h_i 和 x_i 获得的。

图 9.6　谱聚类算法

这里补充说明包含点集的空间的维度与分组数的对应关系。假设图 G 从一开始就被分成 k 个连通分量，此时已知对应的图拉普拉斯算子 L 具有重复度 k 的零特征值[14]。此外，如果 x_i 和 x_j 属于相同的连通分量，则给出表达式（9.3）的最优解的向量 $h_1,\cdots,h_k\in R^k$ 为 $h_i=h_j$。基于这一事实，当将一个点集合划分为 k 个分组时，每个点都映射到 k 维空间①。

高斯核函数通常用于确定权重。当数据以向量形式给出时，如 $x_1,\cdots,x_n\in R^d$，将权重设置为 $W_{ij}=\exp\{-\sigma\|x_i-x_j\|^2\}$。另外，当两点之间的距离大于某个阈值时，令 $W_{ij}=0$。此外，根据数据的不同，可以使用其他核函数。

这里展示一个使用 sklearn.cluster 模块中的 SpectralClustering 的示例。数据由附录中介绍的 common / mlbench 中包含的 spirals 生成。

```
>>> from common import mlbench as ml

>>> # 生成数据
>>> x,y = ml.spirals(300, cycles=1, sd=0.05)

>>> # 利用谱聚类算法
```

① 去除零特征值的固有矢量$(1,\cdots,1)^{\mathrm{T}}\in R^n$，本质上是使其对应 k-1 维空间的点。

```
>>> sc = cluster.SpectralClustering(n_clusters=2,gamma=300,n_init=100)
>>> sc.fit(x)
>>> cl = sc.labels_        # 数据点的聚类

>>> # 绘图
>>> plt.scatter(x[cl==0,0],x[cl==0,1],marker='.')
>>> plt.scatter(x[cl==1,0],x[cl==1,1],marker='+')
>>> plt.show()
```


将 k 均值算法应用于相同数据的结果如图 9.7 所示。k 均值算法不能很好地对 spirals 数据进行聚类分析。对于这一情况，由于谱聚类算法在相近的数据点上设置了较大的权重，因此可以将相近的数据组合成一个聚类。

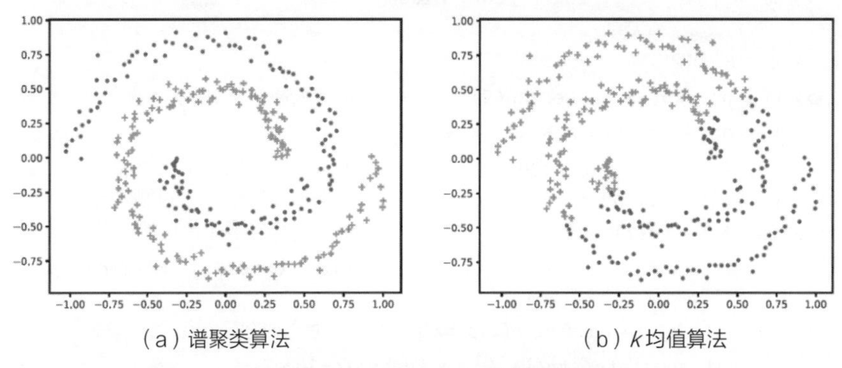

（a）谱聚类算法　　（b）k均值算法

图 9.7　mlbench.spirals 数据的聚类

接着，将谱聚类算法应用于 wine 数据和由 mlbench.circle 生成的数据（省略代码），如图 9.8 所示，可以看到谱聚类算法在各种情况下都是有效的。

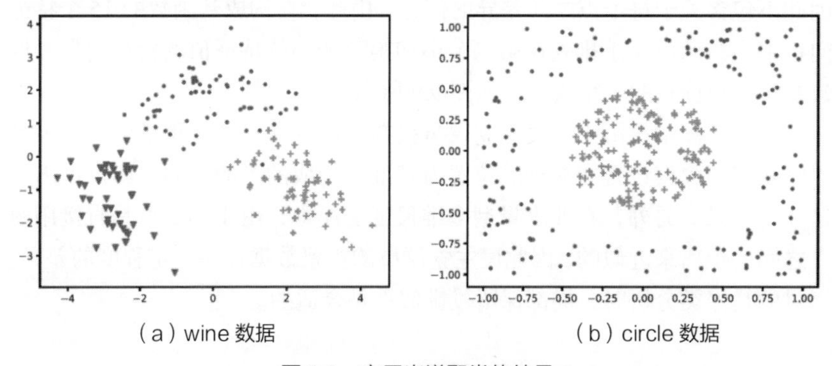

（a）wine 数据　　（b）circle 数据

图 9.8　应用光谱聚类的结果

9.3 局部保留投影算法和多维尺度变换

谱聚类算法中使用的局部保留投影与 5.3 节中的多维尺度变换相似，实际上，两者都给出了在适当维度的空间中反映权重（相似度）的点排列。对 5.3 节中使用的 voting 数据应用局部保留投影，求得其二维表达式，并将结果与多维尺度变换进行比较。

```
>>> from sklearn.manifold import MDS                  # 使用多维尺度变换
>>> data = pd.read_csv('data/voting.csv').values # 使用 voting 数据
>>> S, pidx = data[:,:15], data[:,15]                 # 相似度
>>> mk = ['x','.']; col=['red','blue']                # 绘图

>>> # 局部保留投影
>>> W = np.exp(-S/np.median(S))             # 改变权重（15 次矩阵）
>>> L = np.diag(np.sum(W,1)) - W            # 图拉普拉斯算子
>>> la, l = sp.linalg.eigh(L)               # 计算特征值和固有向量
>>> px = l[:,1]; py = l[:,2]                # 对应特征值较小的固有向量
>>> for i in [0,1]:                         # 绘制局部保留投影的结果
...     plt.scatter(px[pidx==i], py[pidx==i], c=col[i], marker=mk[i],
...                 s=100)
>>> for i,(x,y) in enumerate(zip(px,py)): # 为绘图的各个点设置编号
...     plt.annotate(str(i),(x,y),fontsize=20)
>>> plt.show()
```

由于较小的距离对应的权重较大，因此 $\boldsymbol{W}$ 的定义中将 voting 数据设置为负数。此外，除以 np.median(S)，以便 exp 的指数部分具有适当大小。由于图拉普拉斯算子的最小特征值对应的特征向量与向量$(1, \cdots, 1)^{\mathrm{T}}$成正比，因此不包含关于每个点之间差异的信息。由此，在构成基函数的 15 个特征向量中，利用对应于排列在第二个小和第三个小的特征值的特征向量，构建和绘制数据点的二维表达，如图 9.9 所示。

在局部保留投影中，民主党议员投票数据绝大多数是重叠的。因为是以将相似的数据设置在靠近的位置为基准而构成的点的排列，所以得出了这样的结果。另外，在非度量型多维尺度变换中，由于相似度是直接用两点之间的距离来近似的，因此民主党议员的投票数据存在一定程度的差异。当目的是聚类分析时，局部保留投影似乎是合适的。

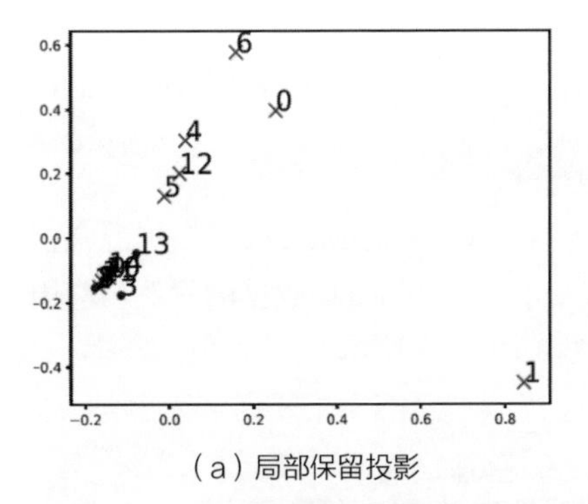

（a）局部保留投影

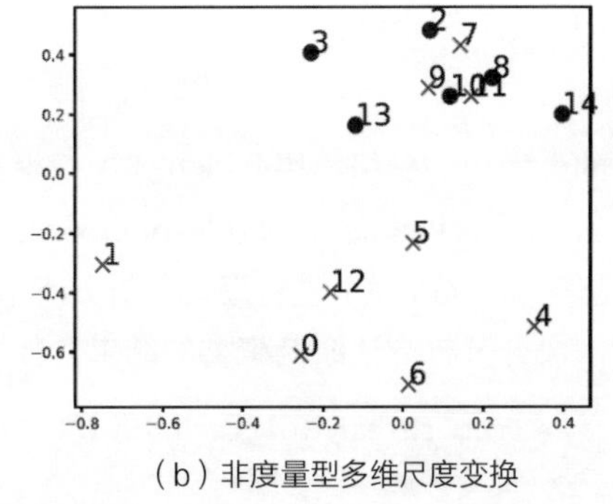

（b）非度量型多维尺度变换

图 9.9 voting 数据的二维表示[非度量型多维尺度变换是图 5.6（a）的另一种表现]

9.4 混合正态分布聚类分析

至此，本章已介绍了在不对数据分布做任何特殊假设的情况下对数据进行聚类分析的方法。本节将介绍一种在假设数据遵循一定的概率分布的情况下，利用其知识进行聚类分析的方法。混合正态分布在统计模型中的应用是非常广泛的。

数据生成过程分为如下两个阶段。

$$\text{分组}\,\ell \sim Q,\ x \sim p_\ell(x)$$

首先数据的分组 ℓ 是根据概率分布 Q 确定的，之后根据概率 $p_\ell(x)$ 生成属于分组 ℓ 的数据 x。相同的 x 可能来自不同的分组。

从数据中估计 Q 和 p_ℓ 并预测每个数据所属的分组。在混合正态分布中，令 Q 为多项式分布，$p_\ell(x)$ 为 d 维正态分布 $N_d(\mu_\ell, \Sigma_\ell)$。设 q_ℓ 是属于分组 ℓ 的概率，则数据 x 的统计模型如下：

$$\sum_{\ell=1}^{k} q_\ell p_\ell(x)$$

利用最大似然估计，估计确定 $p_\ell(x)$ 的参数 μ_ℓ、Σ_ℓ 和 $q_\ell(\ell=1,\cdots,k)$。具体来说，找到最大化对数似然

$$\sum_{i=1}^{n} \log\left[\sum_{\ell=1}^{k} q_\ell p_\ell(x_i)\right]$$

的参数，在该对数中有多个函数的求和运算，使得计算有些复杂。但是，根据 6.6 节中介绍的 EM 算法，可以使用简单的算法估计参数。

令估计所得的分布为 q_ℓ、$p_\ell(x)$，将数据点 x 设置到由此计算而得到

的 ℓ 的条件分布

$$\hat{p}(\ell \mid x) \propto q_\ell p_\ell(x)$$

的最大化的分组，用此种方式进行聚类分析。

利用 Python 中的 sklearn.mixture 模块的 GaussianMixture，根据混合正态分布（GMM）进行聚类分析。本节展示了使用 wine 数据的示例。应用主成分分析方法绘制聚类的结果，如图 9.10（a）所示。

```
>>> from sklearn.mixture import GaussianMixture
>>> d = datasets.load_wine()              # 读入 wine 数据
>>> x, y = d.data, d.target               # 数据的特征量和标签
>>> ncl = 3                               # 分量数为 3 的混合正态分布
>>> mg = GaussianMixture(ncl).fit(x)
>>> cl = mg.predict(x)
>>> pc = PCA(n_components=2)              # 数据的主成分分析
>>> pc.fit(x)
>>> px = pc.transform(x)                  #主成分得分
>>> mk=['.','+','v']                      # 绘制聚类的结果
>>> for i in np.arange(ncl):
...     j=(cl==i)
...     plt.scatter(px[j,0],px[j,1],marker=mk[i])
>>> plt.show()
```

与通常的 k 均值算法一样，其无法处理复杂的集群结构。但是，可以使用 BIC（一种统计模型的选择方法）从数据中自动确定分组数。

```
>>> bics = np.array([])
>>> nc = np.arange(1,101)          # 集群数：1～100
>>> for k in nc:
... bics = np.r_[bics, GaussianMixture(k,n_init=10).fit(x).bic(x)]
>>> nc[np.argmin(bics)]            # 使 BIC 为最小的集群数
27

>>> plt.plot(nc,bics)              # 绘制 BIC 相对于集群数目的值
>>> plt.show()
```

在该示例中有 27 个组。BIC 相对于集群数目的值如图 9.10（b）所示。即使分组数为 2，BIC 值也是减小的。

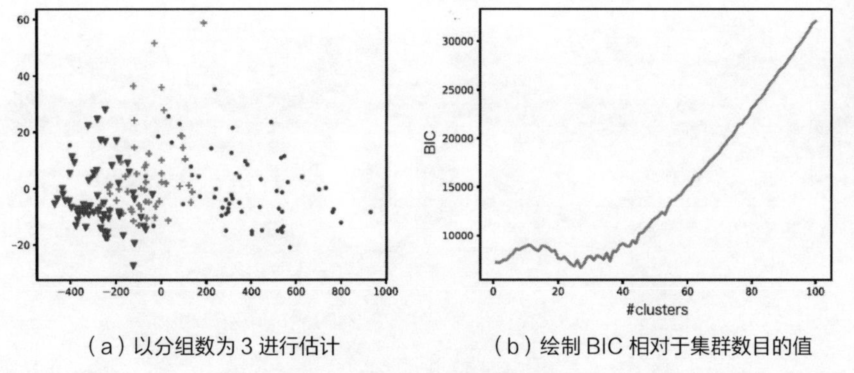

（a）以分组数为 3 进行估计　　（b）绘制 BIC 相对于集群数目的值

图 9.10　混合正态分布聚类分析

第10章

支持向量机

本章介绍在机器学习领域发展起来的学习算法——支持向量机。支持向量机包含现代机器学习算法中的许多重要思想，如间隔最大化准则、稀疏性及核函数等。本章参考文献有[15]、[16]等。

运行本章中的程序，需要加载如下软件包，尤其是需要使用 sklearn.svm 模块的 SVC。

```
>>> import numpy as np
>>> import matplotlib.pyplot as plt
>>> import pandas as pd
>>> from sklearn.svm import SVC
```

10.1 分类问题

假设数据由一组输入 x 和输出 y 组成，并且 $(x_1, y_1), \cdots, (x_n, y_n)$ 是相互独立并服从某个概率分布而获得的。输入 x 通常是 R^d 的一个元素，可以考虑为一个更加泛化的集合。在分类问题中，输出 y 取有限集合 Y 中的值。分类问题可以进一步分解如下。

1）二值分类：$Y=\{+1, -1\}$

垃圾邮件的判别、数码相机的面部提取、特定疾病的诊断。

2）多值分类：$Y = \{1, 2, \cdots, G\}$ $(G \geqslant 3)$

文字识别、自然语言处理。

分类问题的主要目标是根据服从于数据相同分布的新的输入 x，预测其相应的输出 y 的标签。因此，通过数据学习区分不同标签的判别边界（见图 10.1）。

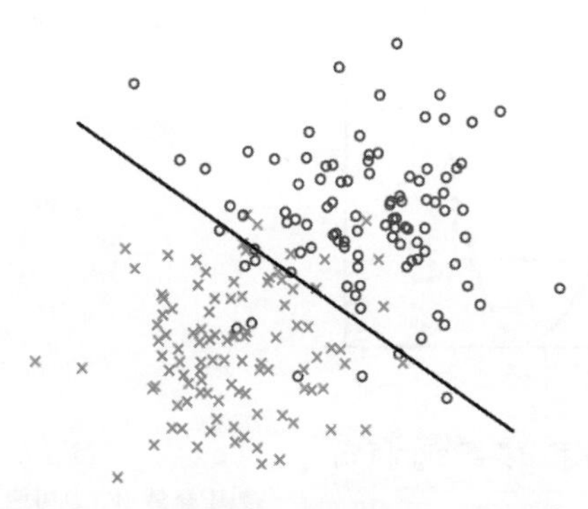

图 10.1　数据的散点图和标签的判别边界

迄今为止，人们已经提出了许多判别的方法。通常，标签是通过以下步骤进行预测的。

预测输入 x 的标签 y 的步骤
1）对于数据$(x_1, y_1), \cdots, (x_n, y_n)$，学习（估计）$h = (x_i) = y_i$ 的分类器 $h{:}R^d \to \{+1, -1\}$。 2）通过 $h(x) \in Y$ 预测新的输入 x 的标签。

考虑二值分类的情况。分类器 $h(x)$是阶梯状的函数，有时不连续函数是难以处理的。因此，应使用更容易处理的判别函数进行分类器的建模。

定义符号函数 sign(z)(z∈R)如下：

$$\text{sign}(z)=\begin{cases}+1, & z\geqslant 0\\ -1, & z<0\end{cases}$$

首先，从数据中估计实值判别函数 $f:R^d\to R$。此时，通过以下学习策略来定义判别函数。

学习策略：通过大量的数据得到“$f(x_i)$的符号=y_i”。

根据判别函数 $f(x)$，分类器 $h(x)$可以定义为

$$h(x)=\text{sign}[f(x)]$$

[见图 10.2（a）]。线性函数经常被用作判别函数[见图 10.2（b）]。

判别函数的集合：$F=\{f(x)=x^{\mathrm{T}}w+b\,|\,b\in R,w\in R^d\}$

线性分类器的集合：$H=\{\text{sign}[f(x)]\,|\,f(x)\in F\}$

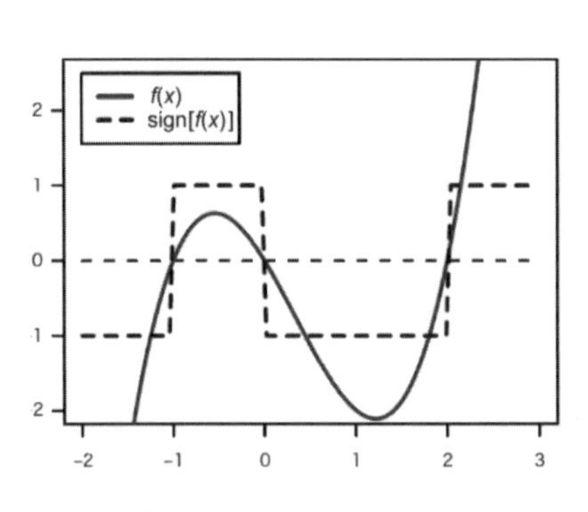

（a）判别函数 $f(x)$和分类器 sign[$f(x)$]

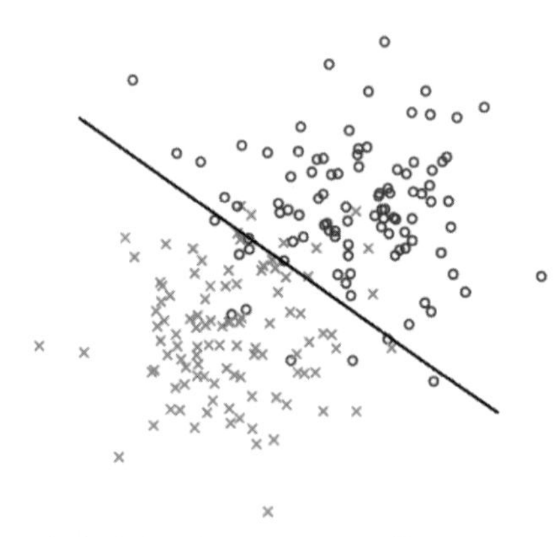

（b）线性分类器 $h(x)$=sign($w^T x$+b)，其中参数 w、b 可通过数据适当地估计

图 10.2　判别函数的构成

本章中介绍的支持向量机是利用线性分类器进行标签的预测。线性分类器可以泛化利用核函数方法的分类模型，这一点与 8.5 节的核回归分析相同。

10.2 二值分类的支持向量机

支持向量机是一种典型的二值分类学习算法，具有以下特点。

1）基于间隔最大化准则的学习：增大数据点到判别边界的距离。

2）作为凸二次规划问题的公式化：可以利用高效的计算算法估计参数。

3）使用核函数建模：使用具有较高表达能力的模型进行学习。

下面解释间隔最大化准则，并推导支持向量机的算法。

10.2.1 可线性分离数据的学习

考虑从包含二值标签的数据中学习线性分类器：

$$(x_1, y_1), \cdots, (x_n, y_n) \ (x_i \in R^d, y_i \in \{+1, -1\})$$

设线性分类器的模型如下：

$$H = \{\mathrm{sign}[f(x)] \mid f(x) = w^{\mathrm{T}} x + b, w \in R^d, b \in R\}$$

当某个线性分类器 $h(x) = \mathrm{sign}(w^{\mathrm{T}}x+b)$满足如下表达式时：

$$h(x_i) = y_i \ (\forall i = 1, \cdots, n)$$

训练数据称为**线性可分离**数据[见图 10.3（a）]。在不存在这种线性分类器的情况下，训练数据称为**线性不可分离**数据[见图 10.3（b）]。

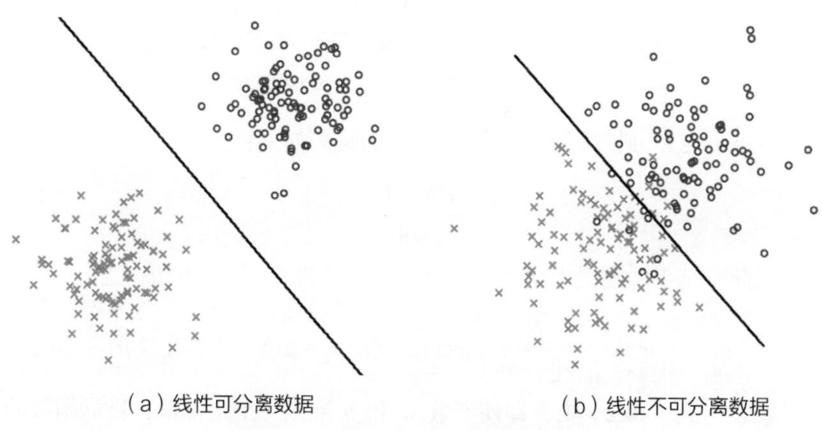

（a）线性可分离数据　　（b）线性不可分离数据

图 10.3　线性判别函数与数据的关系

如果训练数据$(x_1, y_1), \cdots, (x_n, y_n)$通过分类器 $h(x) = \mathrm{sign}(w^{\mathrm{T}}x+b)$线性可分离，则以下关系表达式成立：

$$y_i = +1 = \ \Rightarrow w^{\mathrm{T}} x_i + b > 0$$

$$y_i = -1 = \ \Rightarrow w^{\mathrm{T}} x_i + b < 0$$

将上述表达式综合整理后可以表述如下：

$$y_i(w^{\mathrm{T}} x_i + b) > 0 \ (i = 1, \cdots, n) \qquad (10.1)$$

一般来说，满足表达式（10.1）的(w, b)不仅仅是一组。其中，作为确定哪个参数合适的标准，已提出的有**间隔最大化准则**。间隔最大化准则是一种确定分类器的标准，以使正例（$y=+1$ 的数据）和反例（$y=-1$ 的数据）之间的间隔尽可能大（见图 10.4）。

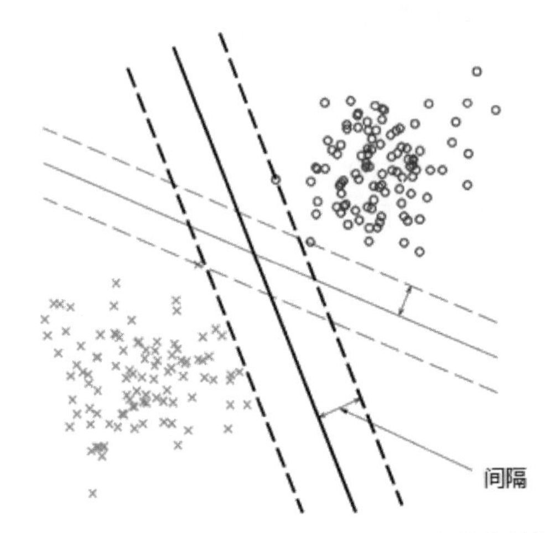

图 10.4　间隔最大化基准（使具有不同标签的数据之间的间隙尽可能扩大，使数据分开）

由点 $x_0 \in R^k$ 到判别平面 $w^{\mathrm{T}}x+b=0$ 的距离如下：

$$\frac{\left|w^{\mathrm{T}}x_i+b\right|}{\|w\|}$$

因此，基于间隔最大化准则，可以获得线性判别函数的最优解。

$$\max_{w,b}\min_{i=1,\cdots,n}\frac{\left|w^{\mathrm{T}}x_i+b\right|}{\|w\|}\ \text{subject to}\ y_i(w^{\mathrm{T}}x_i+b)>0\ \ (i=1,\cdots,n)\quad（10.2）$$

在表达式（10.2）中，即使参数 w 和 b 乘以一个正常量，目标函数的值也不会改变，满足约束方程。考虑到这一点，对于任意的数据点 (x_i,y_i)，可以进行尺度缩放，以便 $y_i(w^{\mathrm{T}}x_i+b)\geqslant 1$ 成立。这样可以看到，通过求解下面的优化问题，可以得到表达式（10.2）的最优解。

$$\min_{w\in\mathbb{R}^d,b\in\mathbb{R}}\frac{\|w\|^2}{2}\ \text{subject to}\ y_i(w^{\mathrm{T}}x_i+b)\geqslant 1\ \ (i=1,\cdots,n)\quad（10.3）$$

表达式（10.3）的目标函数是关于参数的凸二次函数，并且约束方程由线性不等式给出。这称为凸二次规划问题，可以利用高效的优化算法求解。如果最优解为 $\hat{w}$、$\hat{b}$，则得到的分类器如下：

$$\hat{h}(x)=\text{sign}(\hat{w}^{\text{T}}x+\hat{b})$$

10.2.2 线性不可分离数据和软间隔

当数据为线性不可分离时，不存在满足表达式（10.2）和表达式（10.3）约束的参数（w, b），无法利用线性分类器完全分离数据的标签。在这种情况下，我们采用允许一定的错误来学习判别函数的策略。

设线性分类器如下：

$$h(x)=\text{sign}(w^{\text{T}}x+b)$$

并对数据 (x_i, y_i) 给出以下损失。

1）当 $y_i(w^{\text{T}}x_i+b)\geqslant 1$ 时，认为已经足够好地识别了数据，损失设置为 0。

2）当 $y_i(w^{\text{T}}x_i+b)<1$ 时，认为没有很好地识别数据，损失为 $1-y_i(w^{\text{T}}x_i+b)>0$。

综上所述，数据 (x_i, y_i) 的线性分类器 $\text{sign}(w^{\text{T}}x+b)$ 的损失可以表示为如下表达式（见图 10.5）。

$$\max\{1-y_i(w^{\text{T}}x_i+b), 0\}$$

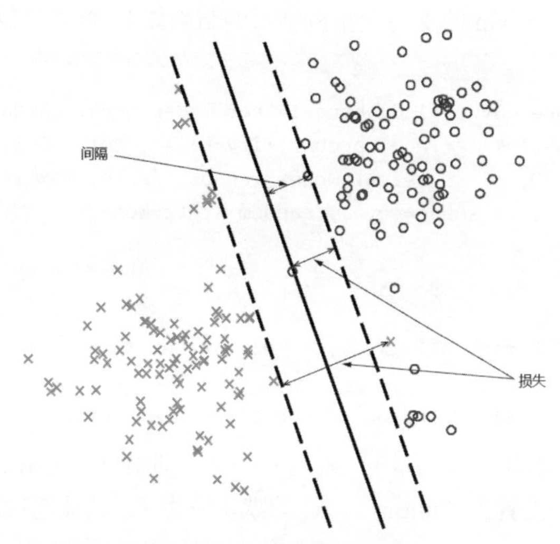

图 10.5 判别边界和损失

在**软间隔支持向量机**中，分类器的训练基础是使相当于间隔的倒数 $\|w\|^2$ 尽可能减小，同时使损失尽可能减小。使平均损失与间隔的倒数 $\|w\|^2$

之和最小，以求解以下问题。

$$\min_{w\in\mathbb{R}^d, b\in\mathbb{R}} \frac{C}{n}\sum_{i=1}^{n}\max\{1-y_i(w^{\mathrm{T}}x_i+b),0\}+\frac{1}{2}\|w\|^2 \qquad (10.4)$$

其中，$C>0$，为正则化参数，是调整损失与间隔之间平衡的权重。C 可以由交叉验证等方法定义。由最优解 $\hat{w}$、$\hat{b}$ 可以得到分类器 $\hat{h}(x)=\mathrm{sign}(\hat{w}^{\mathrm{T}}x+\hat{b})$。图 10.6 展示了使用软间隔支持向量机学习所得的结果，无论数据是否线性可分离均适用。

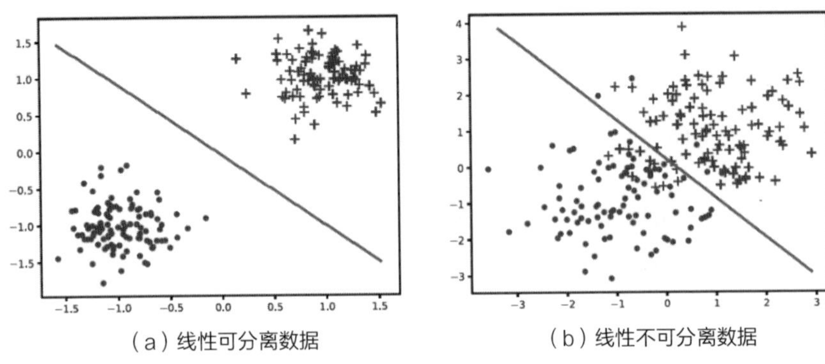

图 10.6 软间隔支持向量机学习的结果（以 $C=1$ 进行学习）

使用 sklearn.svm 的支持向量机学习的结果如下。首先，展示使用方法。

```
>>> ?SVC
Init signature: SVC(C=1.0, kernel='rbf', degree=3, gamma='auto',
coef0=0.0, shrinking=True, probability=False, tol=0.001,
cache_size=200, class_weight=None, verbose=False, max_iter=-1,
decision_function_shape='ovr', random_state=None)
Docstring:
C-Support Vector Classification.
>>> ?SVC.fit
Signature: SVC.fit(self, X, y, sample_weight=None)
Docstring:
Fit the SVM model according to the given training data.
```

输入数据矩阵 X 和向量 y，则返回一个判别函数。使用线性分类器时，将 kernel 选项设置为“linear”。C 的默认值为 1，其他选项的默认值如上所述。

将支持向量机应用于使用附录中介绍的 mlbench.twoDnormals 生成的数据。我们使用将支持向量机的模型与数据进行拟合的 fit，以及用于预测的 predict。

```
>>> from common import mlbench as ml
>>> # 训练数据
>>> X,y = ml.twoDnormals(200, cl=2, sd=1)
>>> sv = SVC(kernel="linear")
>>> sv.fit(X,y)                         # 学习训练数据
>>> np.mean(sv.predict(X)!=y)           # 训练误差的计算
0.025000000000000001
```

在执行结果的最后一行，输出的训练误差约为 0.025（2.5%）。接下来，评估测试误差。

```
>>> # 测试数据
>>> tX,ty = ml.twoDnormals(1000, cl=2, sd=1)
>>> py = sv.predict(tX)                 # 预测标签
>>> np.mean(ty!=py)
0.069000000000000006
>>> 1-sv.score(tX,ty)                   # 利用 score 计算准确度
0.068999999999999995
```

由以上结果可知，测试误差为 0.069（6.9%），不论是使用 np.mean (ty! = Py) 还是 1−sv.score (tX, ty) 都给出了相同的结果。如果通过交叉验证法恰当地选择正则化参数 C 的值，则测试误差可能会更小。

10.3 核支持向量机

线性分类器存在无法处理复杂数据的情况。图 10.7（a）显示了一个无法被线性分类器很好地判别的示例。与 8.5 节中的核回归分析类似，使用核函数建模，可以提高支持向量机的表达能力，如图 10.7（b）所示。主要的核函数如下。

- 线性核函数：linear。
- 多项式核函数：poly。
- 高斯核函数：rbf。
- Sigmoid 核函数：sigmoid。

图 10.7（b）显示了使用高斯核函数的示例，可以看到与线性分类器相比，判别边界更适合数据。

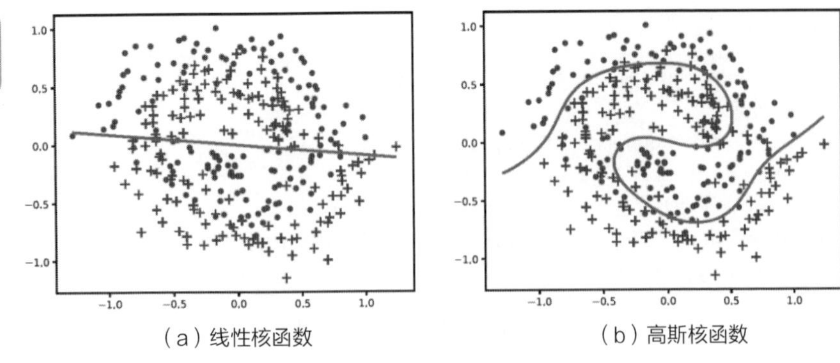

（a）线性核函数　　（b）高斯核函数

图 10.7　对螺旋状数据的分类

核方法适用于判别函数的学习。利用适当的非线性函数 $\phi(x)$，判别函数 $f(x)$ 表示如下：

$$f(x)=w^{\mathrm{T}}\phi(x)+b \tag{10.5}$$

由数据估计参数 w 和 b，以构建分类器。令函数 $k(x,x')$ 如下：

$$k(x,x')=\phi(x)^{\mathrm{T}}\phi(x')$$

则所有与学习相关的计算都可以仅仅依靠 $k(x,x')$ 进行。函数 $k(x,x')$ 称为核函数，这一系列的过程称为核方法。

设观测到数据 $(x_i,y_i)\ (i=1,\cdots,n)$，与核回归分析一样，参数 w 可以利用 $\phi(x_i)$ 的线性组合表示，因此可以得到 $f(x)$，具体表示如下：

$$f(x)=\sum_{i=1}^{n}\beta_i k(x,x_i)+b$$

使用 $\beta=(\beta_1,\cdots,\beta_n)^{\mathrm{T}}$ 而非参数 w 表示判别函数（10.5）。将其代入软间隔支持向量机的表达式（10.4）中，则得到下述优化问题。

$$\min_{\beta,b}\frac{C}{n}\sum_{i=1}^{n}\max\{1-y_i f(x_i),0\}+\frac{1}{2}\beta^{\mathrm{T}}K\beta$$

$$\text{subject to}\ f(x_i)=\sum_{j=1}^{n}\beta_j K_{ij}+b\quad(i=1,\cdots,n)$$

式中，K 为 $n\times n$ 矩阵，各元素由 $K_{ij}=k(x_i,x_j)$ 确定。

与软间隔支持向量机相同，对于线性分类器，在线性约束的情况下使凸二次函数最小化，就可以得到分类器。

下面列举一个使用核方法的软间隔支持向量机的数值示例。多项式核函数的次数为二次或三次。

```
>>> X,y = ml.spirals(300, cycles=1,sd=0.15)         # 训练数据
>>> tX,ty = ml.spirals(1000,cycles=1,sd=0.15)    # 测试数据

>>> # 二次多项式核函数
>>> sv2 = SVC(kernel="poly",degree=2,gamma=1,coef0=1)
>>> sv2.fit(X,y)                     # 通过 SVC 学习训练数据
>>> 1-sv2.score(tX,ty)               # 测试误差
0.41300000000000003
>>> # 三次多项式核函数
>>> sv3 = SVC(kernel="poly",degree=3,gamma=1,coef0=1)
>>> sv3.fit(X,y)                     # 通过 SVC 学习训练数据
>>> 1-sv3.score(tX,ty)               # 测试误差
0.22399999999999998
```

通过将多项式核函数的次数从二次提高到三次，可以测试误差大大减小，图 10.8 展示了由学习所得的分类器的判别边界。

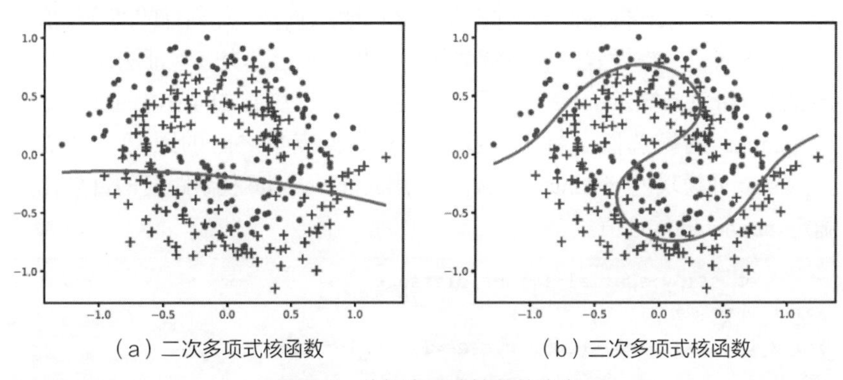

（a）二次多项式核函数　　（b）三次多项式核函数

图 10.8　依据多项式核函数分类

10.4 模型参数的选择

在使用软间隔支持向量机学习分类器时，需要适当地确定正则化参数 C 和核函数中包含的核参数。正则化参数和核参数在这里称为模型参数。

- 多项式核函数：次数 degree 和 C。
- 高斯核函数：核带宽 gamma 和 C。

4.2 节中介绍的交叉验证方法常常应用于确定模型参数。在 Python 中，可以通过 sklearn.model_selection 模块的 cross_validate 执行交叉验证方法。

在进行 K 折交叉验证法时，将 cv 选项的值设定为 K。作为示例，考虑使用高斯核函数确定支持向量机的核带宽参数 gamma 的问题。

```
>>> from sklearn.model_selection import cross_validate
>>> # 训练数据（2D 混合正态）
>>> X,y = ml.twoDnormals(300, cl=2, sd=1)

>>> # K 折交叉验证法（K=5）：计算 gamma=0.1、C=1 时的验证误差
>>> sv = SVC(kernel="rbf",gamma=0.1,C=1)     # SVM（高斯核函数）
>>> cv = cross_validate(sv, X, y, scoring='accuracy', cv=5)
>>> cv['test_score']                         # 显示测试误差的估计结果
array([0.93442623, 0.90163934, 0.98333333, 0.96610169, 0.94915254])
>>> np.mean(cv['test_score'])                # 根据交叉验证法估计准确度
0.893209224785
>>> 1-np.mean(cv['test_score'])              # 验证误差
0.106790775215
```

默认情况下，cv['test score']并不存储误差的值，而是存储估计的准确度值。

接下来，考虑设置一些核带宽候选参数，并通过交叉验证法从中选择合适的核带宽参数 gamma。在下述内容中，根据数据之间距离的百分比确定 gamma 的候选值。首先，找出所有数据点集之间的距离，可使用 scipy.spatial 模块的 distance；之后，使用 np.percentile 找到距离的百分比并确定 gamma 的候选值。

```
>>> from scipy.spatial import distance
>>> # 训练数据
>>> X,y = ml.spirals(200, cycles=1.2, sd=0.16)

>>> # 距离矩阵的计算
>>> dm = distance.pdist(X)

>>> # 由距离的分位点设定 gamma 的候补值
>>> cg = 1/np.percentile(dm,np.arange(1,100,2))**2
>>> cg
array([ 69.38858309, 22.90416169, 13.99086628, 10.10551662,
         7.85671601, 6.33680083, 5.31627381, 4.54695436,
（省略）
```

矩阵 dm 的分量由 $\| x_i - x_j \| \ (i, j = 1, \cdots, n)$ 给出。对于这些值的 1 个百分点、3 个百分点、…、99 个百分点，将其平方的倒数作为 gamma 的候选值，这样可以避免高斯核函数的指数部分 gamma$\times \| x_i - x_j \|^2$ 的值分布在 1 附近，

从而导致数值计算不稳定。对这些候选值分别使用交叉验证法计算验证误差，结果如图 10.9 所示。

```
>>> ncv = 5                              # 以 K=5 执行 K 折交叉验证法
>>> cvg = np.array([])
>>> for g in cg:                         # 计算每个 gamma 的验证误差
...     sv = SVC(kernel="rbf", gamma=g, C=1)
...     cv = cross_validate(sv,X,y,scoring='accuracy',cv=ncv)
...     cvg = np.r_[cvg,np.mean(cv['test_score'])]
>>> cverr = 1-cvg                        # 验证误差
>>> opt_gamma = cg[np.argmin(cverr)]     # 最合适的 gamma
>>> opt_gamma
13.990866278241731
```

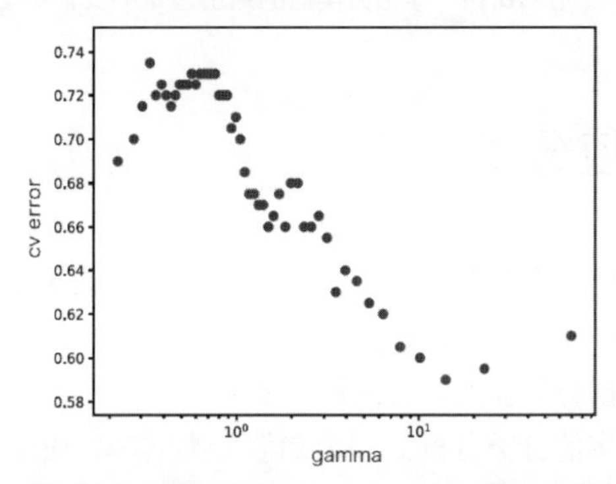

图 10.9　使用高斯核函数的分类器学习（通过交叉验证法确定核带宽）

使用每个模型参数学习时的判别边界如图 10.10 所示。可以看出，通过在交叉验证法中选择合适的模型参数，对测试数据实现了较高的预测准确度。

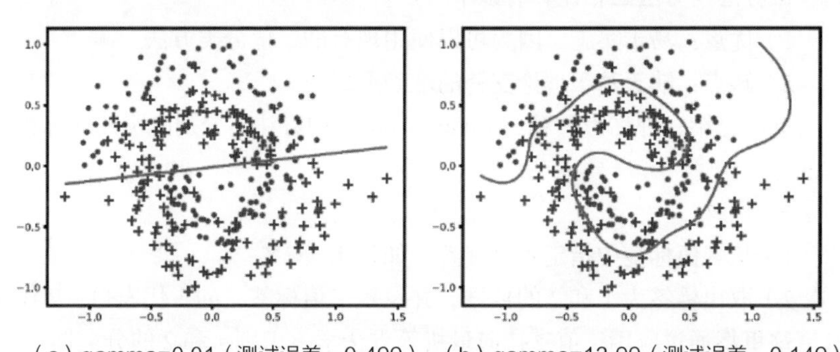

（a）gamma=0.01（测试误差：0.499）　（b）gamma=13.99（测试误差：0.149）

图 10.10　学习分类器的判别边界[设置 $C = 1$ 和核带宽 gamma = 0.01、13.99、60 作为模型参数。为了最小化验证误差，（b）图中的 gamma = 13.99]

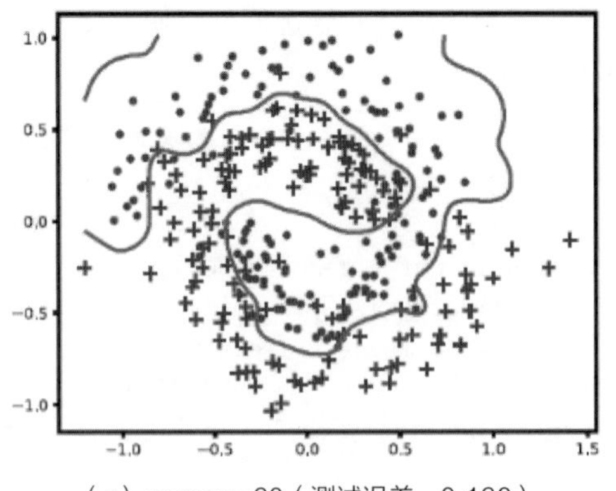

（c）gamma=60（测试误差：0.160）

图 10.11　学习分类器的判别边界（续）

10.5 多值分类

本节考虑多值分类问题，其中输出 y 具有三种或更多类型的标签，这里令标签为 $y \in Y = \{1, 2, \cdots, G\} (G \geqslant 3)$。

学习多值数据分类器大致有两种主要方法。

方法一：将多值分类分解为多个二值分类问题，应用二值分类方法，整合结果以进行预测。

方法二：定义多值分类的间隔，直接估计多值分类的判别函数。

这里解释说明方法一，即如何结合二值支持向量机学习多值分类的数据。该方法与方法二相比具有以下特点。

1）优点：易于实施，因为可以使用现有的二值分类方法。

2）缺点：缺乏基于理论支持的准确度保证。

下面介绍一种称为一对一（one-vs-one）的方法，分别说明其训练和测试的算法。

- 训练

1）从多值标签中指定两个标签，如设 $1, 2 \in Y$。

2）取出标签为 1 和 2 的数据，并设置二值标签，如 1 代表+1，2 代表−1。这里将通过应用二值支持向量机等方法学习识别 1 和 2 的分类器。

3）对所有标签组合执行此操作。对于 $y_1, y_2 \in Y$，令 $h_{y_1,y_2}(x)$ 是一个二值分类器，其中 y_1 为+1，y_2 为−1。这里，令 $h_{y_1,y_2}(x) = -h_{y_2,y_1}(x)$。

- 测试

对于新的输入x,通过二值分类器采用按多数决定的方法确定其多值标签。

例如，对于图 10.11 中×记号的点，采用按多数决定的方法，将得到表 10.1 所示的结果。该结果中×记号的预测标签确定为 2（+）。

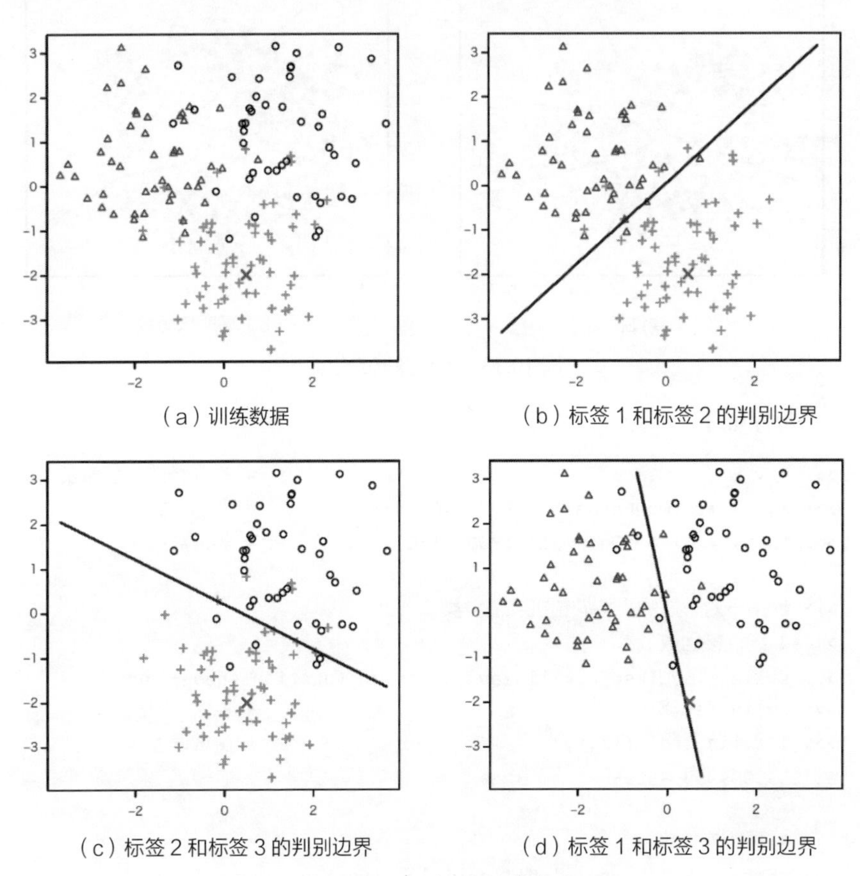

（a）训练数据

（b）标签 1 和标签 2 的判别边界

（c）标签 2 和标签 3 的判别边界

（d）标签 1 和标签 3 的判别边界

图 10.12　一对一方法的学习

表 10.1　图 10.11 中用×记号的数据点的标签预测

y	1(Δ)	2(+)	3(○)	得分
1(Δ)	—	$h_{1,2}=-1$	$h_{1,3}=-1$	−2
2(+)	$h_{2,1}=+1$	—	$h_{2,3}=+1$	2
3(○)	$h_{3,1}=+1$	$h_{3,2}=-1$	—	0

例如，考虑学习图 10.12 所示的多值数据。带有各标签的数据是从具有

适当期望值的向量和方差-协方差矩阵的正态分布生成的。令 SVC 的 decision_function_shape 选项设置为“ovo”，则进行一对一方法的预测。图 10.12 也展示了判别边界[①]。

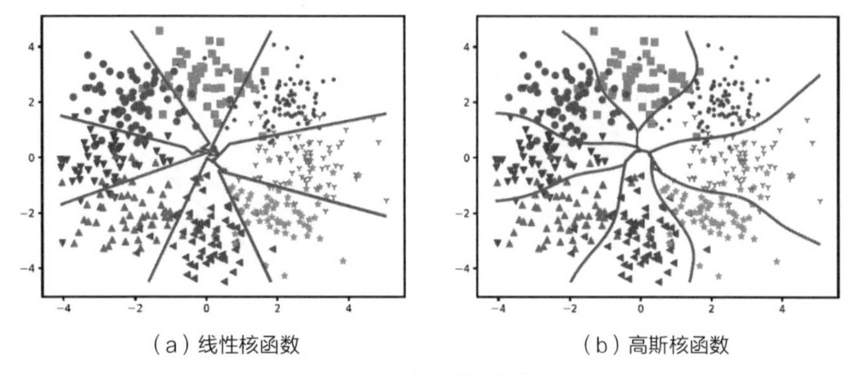

（a）线性核函数　　（b）高斯核函数

图 10.13　多值数据的分类

程序如下：

```
>>> G = 8                                            # 8 个类的多值分类
>>> X,y = ml.twoDnormals(500, cl=G,sd=0.8)           # 训练数据
>>> tX,ty = ml.twoDnormals(1000,cl=G,sd=0.8)         # 测试数据

>>> # 用一对一法的支持向量机多值分类
>>> # 线性核函数
>>> svlin = SVC(kernel='linear',decision_function_shape='ovo')
>>> svlin.fit(X,y)                                   # 拟合
>>> 1-svlin.score(tX,ty)                             # 测试误差
0.19599999999999995

>>> # 高斯核函数
>>> svrbf = SVC(kernel='rbf',decision_function_shape='ovo')
>>> svrbf.fit(X,y)                                   # 拟合
>>> 1-svrbf.score(tX,ty)                             # 测试误差
0.19899999999999995
```

以下是手写 UCI 数据示例（请参阅第 6.6 节）。数据的输入向量为 $x \in R^{64}$，标签是 $y \in \{0,1,2,\cdots,9\}$，每个标签的数据量如表 10.2 所示。

① 原点 (0, 0) 附近的绘图不准确，各标签的区域应是一个由线段包围的凸集。

表 10.2 标签的数据量

标签	0	1	2	3	4	5	6	7	8	9
数据量	376	389	380	389	387	376	377	387	380	382

基于 Python 的学习算法如下。首先利用线性核函数依据一对一方法进行二值判别，结果如下：

```
>>> # 识别手写字符
>>> from scipy.spatial import distance       # 使用 distance

>>> # 读入数据
>>> tr = pd.read_csv('data/optdigits_train.csv').values
>>> te = pd.read_csv('data/optdigits_test.csv').values
>>> X,y = tr[:,:64], tr[:,64]
>>> tX,ty = te[:,:64], te[:,64]

>>> # 利用线性核函数学习
>>> svlin = SVC(kernel='linear',decision_function_shape='ovo')
>>> svlin.fit(X,y)
>>> 1-svlin.score(X,y)          # 训练误差
0.0
>>> 1-svlin.score(tX,ty)        # 测试误差
0.0389755011136
```

接着，展示使用高斯核函数根据一对一方法进行二值分类时的结果。核带宽 gamma 并没有使用交叉验证法，而使用了启发式算法，即采用输入数据 $\{x_i\}_{i=1}^{n}$ 之间的中值距离。

```
>>> # 利用高斯核函数学习
>>> # 使用一部分数据通过启发式算法设置 gamma
>>> pX = X[np.random.choice(X.shape[0],round(X.shape[0]/10)),:]

>>> # 由距离矩阵设置 gamma 的值
>>> g = 1/np.median(distance.pdist(pX))**2
>>> g
0.00042844901456726641

>>> svrbf = SVC(kernel='rbf',decision_function_shape='ovo',gamma=g)
>>> svrbf.fit(X,y)
>>> 1-svrbf.score(X,y)          # 训练误差
0.00680272108844
```

```
>>> 1-svrbf.score(tX,ty)       # 测试误差
0.0239420935412
```

对于线性核函数，测试误差约为 3.9%；对于具有适当核带宽的高斯核函数，测试误差约为 2.4%。改变核带宽会极大地改变测试误差。

```
>>> # 改变高斯核函数的核带宽
>>> g = 0.01
>>> svrbf = SVC(kernel='rbf',decision_function_shape='ovo',gamma=g)
>>> svrbf.fit(X,y)
>>> 1-svrbf.score(X,y)     # 训练误差
0.0
>>> 1-svrbf.score(tX,ty)  # 测试误差
0.261135857461
```

在上面的示例中，为了简化 gamma 的计算，一部分数据是随机采样的，并对其使用启发式算法。如果利用所有数据 X 计算 1/np.median (distance.pdist (X)) ** 2，则 gamma 的值约为 0.0004156，但需要耗费一些时间进行计算。由此可以看出，只要有一部分数据即可适当地设置 gamma 值。

第 11 章

稀疏学习

近年来，处理高维数据的统计方法发展迅速。假设稀疏性（重要的内容只占整体内容的一小部分）看起来似乎是非常不可靠的假设，但却是可以正确处理高维问题的方法。本章介绍利用稀疏性分析数据的稀疏学习[17, 18]。

为了执行本章中的程序，需要加载以下软件包。

```
>>> import numpy as np
>>> import matplotlib.pyplot as plt
>>> import statsmodels.api as sm
```

11.1 L_1 正则化和稀疏性

随着观测技术的进步，人们逐渐可以在各个科学领域中获取高维度的数据。例如，在生物技术领域，比较容易测量到已经发现了多少类型的基因。由于人类基因数量巨大，因此存在维度 d 大于数据量 n 的情况。稀疏学习可以有效识别那些对于我们所关注的疾病具有影响的少数的一些基因。在这里，我们将解释说明稀疏学习的典型方法——lasso 回归。

考虑以下回归分析问题。

$$y_i = \beta^{\mathrm{T}} x_i + \varepsilon_i \quad (i = 1, \cdots, n)$$

式中，$\beta, x_i \in R^d$； ε_i 为观测误差。

这里要估计的参数是 $\beta = (\beta_1, \cdots, \beta_d) \in R^d$。对于数据量 n 和维度 d，不局限于 $d < n$ 成立的情况。此时，解并不是由最小二乘法唯一确定的。另外，还假设在参数 $\beta_1, \cdots, \beta_d$ 中非零分量的数量非常少。例如，令 d=100 并设置其中大约有 10 个非零分量。假设 $\beta_1, \cdots, \beta_{10}$ 非零，而 $\beta_{11}, \cdots, \beta_{100}$ 为零。此时，可以对数据 x_i 的第 1 ~ 10 个分量使用线性回归模型进行估计；对于 $n > 10$ 的，则可以通过最小二乘法估计参数。

通常，事先并不知道哪个元素的参数为零。在这种情况下，可以从数据 x_i 的元素 $x_i = (x_{i1}, \cdots, x_{id})$ 中选择影响响应变量 y_i 的变量。例如，如果已知最多有 s 个非零参数，可在最小二乘法中对非零参数的数量加以约束，则求解下式即可：

$$\min_{\beta} \frac{1}{2n} \sum_{i=1}^{n} (y_i - \beta^{\mathrm{T}} x_i)^2 \qquad \text{subject to} \|\beta\|_0 \leqslant s$$

式中，$\|\beta\|_0$ 为 $\beta = (\beta_1, \cdots, \beta_d)$ 中的非零分量的个数，称为 L_0 范数[①]。

例如，如果 $\beta = (0, 0.1, -3, 0, 0, 0)$，则 $\|\beta\|_0 = 2$。但是，枚举满足此约束表达式的非零元素的组合可能会非常庞大且难以处理。因此，为了减少计算量，将 $\|\beta\|_0$ 替换为 L_1 范数：

$$\|\beta\|_1 = \sum_{k=1}^{d} |\beta_k|$$

已知 L_1 范数是最接近 L_0 范数的凸函数，为了在选择特征量的同时估计参数，求解下式：

① 不符合范数的定义，但为方便起见，将其称为范数。

$$\min_{\beta}\frac{1}{2n}\sum_{i=1}^{n}(y_i-\beta^{\mathrm{T}}x_i)^2 \qquad \text{subject to}\|\beta\|_1\leqslant s$$

如果将条件表达式合并到函数中，设正则化参数为 α，与如下表达式等价：

$$\min_{\beta}\frac{1}{2n}\sum_{i=1}^{n}(y_i-\beta^{\mathrm{T}}x_i)^2+\alpha\|\beta\|_1$$

由此来估计回归参数 β 的方法称为 LASSO。由于该优化问题是一个关于参数 β 的凸函数，因此可以有效地找到最优解。虽然 L_1 范数是一个不可微的函数，但已经开发出了各种优化方法。

利用 L_1 范数，可以得到一个稀疏性的（很多为零的分量）估计量。在正则化学习的岭回归中，不用 L_1 范数而用 L_2 范数（求平方），即平方损失 $\|\beta\|_2^2=\sum_{k-1}^{d}\beta_k^2$。为了显示这些差异，绘制 $\text{loss}_1(\beta)$ 和 $\text{loss}_2(\beta)$ 函数图，如图 11.1 所示。

$$\text{loss}_1(\beta)=\frac{1}{2}(1-\beta)^2+\alpha|\beta|$$

$$\text{loss}_2(\beta)=\frac{1}{2}(1-\beta)^2+\frac{\alpha}{2}\beta^2$$

从图 11.1 中可以看出，岭（L_2 正则化）为最小值的点并正好是 $\beta = 0$ 的情况。另外，在 Lasso（L_1 正则化）中，当 α 越大，则越趋近于 $\beta=0$ 处变为最小值。之所以出现这种差异，是因为 L_1 范数在原点不可微，并且函数的斜率变化不连续。

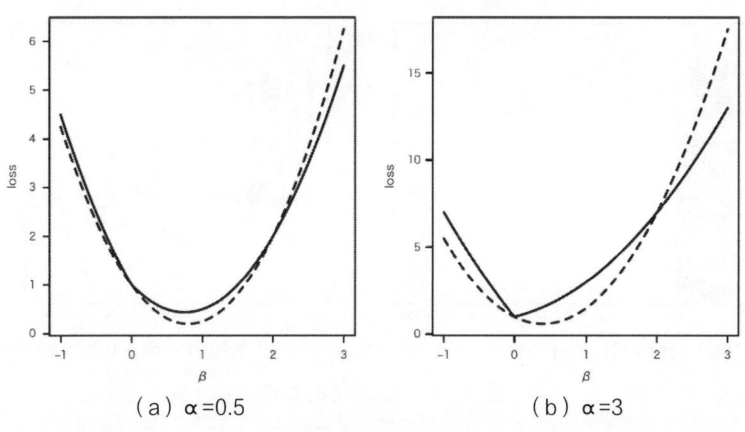

图 11.1　$\text{loss}_1(\beta)$（实线）和 $\text{loss}_2(\beta)$（虚线）函数图

下面展示一个使用 statsmodels.api 模块的 OLS 估计回归系数的简单示例。在 OLS 中，回归系数是通过最小化损失函数进行估计的。

$$\frac{1}{2n}\sum_{i=1}^{n}(y_i-\beta^{\mathrm{T}}x_i)^2+\alpha\left(\frac{1-w}{2}\right)\|\beta\|_2^2+w\|\beta\|_1 \tag{11.1}$$

其主要选项是对应于正则化参数 α 的 alpha，以及确定权重 w 的 L1_wt。设 L1_wt = 1，则执行 Lasso 估计。

```
>>> # 数据量、维数、非零分量
>>> n, d, s = 30, 50, 10

>>> # 数据生成
>>> beta = np.r_[np.ones(s),np.zeros(d-s)]
>>> X = np.random.randn(n,d)
>>> y = np.dot(X,beta) + np.random.normal(scale=0.01,size=n)
>>> la = sm.OLS(y,X).fit_regularized(alpha=0.1, L1_wt=1)  # Lasso
>>> ri = sm.OLS(y,X).fit_regularized(alpha=0.1, L1_wt=0)  # 岭
```

按照 $\beta_1,\cdots,\beta_d$ 的顺序绘制通过每个估计量获取的参数值，使用 plt.bar 进行绘图，真实的值是 $\beta_1=\cdots=\beta_{10}=1,\beta_{11}=\cdots=\beta_{50}=0$。

```
>>> # 绘图
>>> plt.bar(np.arange(d),la.params); plt.show()              # Lasso
>>> plt.bar(np.arange(d),ri.params); plt.show()              # 岭
```

结果如图 11.2 所示。对于 Lasso 回归和岭回归，正则化参数都是 $\alpha=0.1$。在 Lasso 回归中，$\beta_{11},\cdots,\beta_{50}$ 几乎都为 0。另外，在岭回归中尝试利用所有参数将线性回归模型拟合到数据，所有参数均非零。

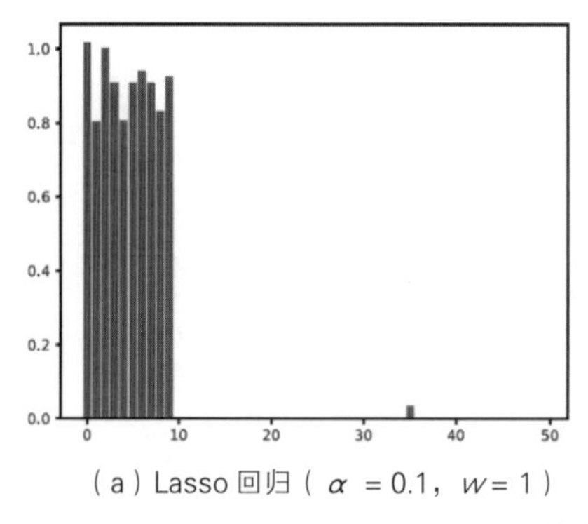

（a）Lasso 回归（$\alpha=0.1$，$w=1$）

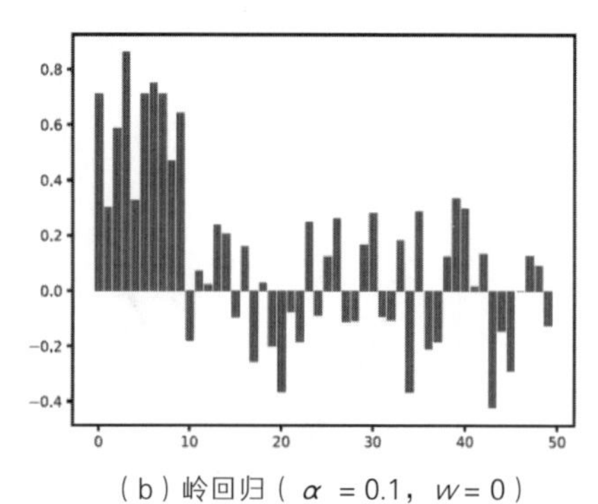

（b）岭回归（$\alpha=0.1$，$w=0$）

图 11.2 估计所得的参数值

可以通过图示展示当逐渐变更正则化参数时，估计值是如何变化的。该图描绘了一条正则化路径，在 Lasso 回归的情况下，可以通过路径跟踪方法有效地计算正则化路径。图示正则化路径有助于正则化参数的选择。在 Lasso 回归中，可以用 sklearn.linear_model 模块的 lasso_path 计算正则化路径。

```
>>> from sklearn import linear_model        # 使用 lasso_path
>>> # 计算 Lasso 的正则化路径
>>> alphas, coef_path, _ = linear_model.lasso_path(X, y)

>>> # 计算每个正则化参数的回归系数的 L1 范数
>>> coefL1 = np.sum(np.abs(coef_path), axis=0)

>>> # 绘图
>>> plt.xlabel('L1 norm')
>>> plt.ylabel('coefficients')
>>> for i in np.arange(d):
...     plt.plot(coefL1, coef_path[i,:])
>>> plt.show()
```

lasso_path 通过适当调整正则化参数的范围来进行计算。在上述程序中，正则化参数的值存储在变量 alphas 中。

接着，计算岭回归的正则化路径。在岭回归中，通过为 alpha 选项而不是路径跟踪设置一个值来单独计算回归系数①。

```
>>> # 计算估计值的正则化参数 alpha
>>> alphas = np.logspace(np.log10(10**-3),np.log10(10**3),200)
>>> coefs = []
>>> for a in alphas:
...     ri = sm.OLS(y,X).fit_regularized(alpha=a, L1_wt=0) # 岭回归
...     coefs.append(ri.params)
>>> coef_path = np.array(coefs).T

>>> # 计算每个正则化参数中回归系数的 L1 范数
>>> coefL1 = np.sum(np.abs(coef_path),axis=0)

>>> # 绘图
>>> plt.xlabel('L1 norm')
```

① 如果在 linear model.enet path 中将选项设为 l1_ratio=0，则进行岭回归。但是，如果用这种方法进行岭回归，会有数值不稳定的倾向。

```
>>> plt.ylabel('coefficients')
>>> for i in np.arange(d):
...     plt.plot(coefL1,coef_path[i,:])
>>> plt.show()
```

结果如图 11.3 所示，L_1 范数越大，α 越小，因此越靠近横轴右侧的 α 越小。在岭回归中，所有参数的值（绝对值）都在逐渐增大。在 Lasso 回归中，当改变 α 的值时，非零值的元素的值呈线性变化。其他众多参数仍然保持为 0。

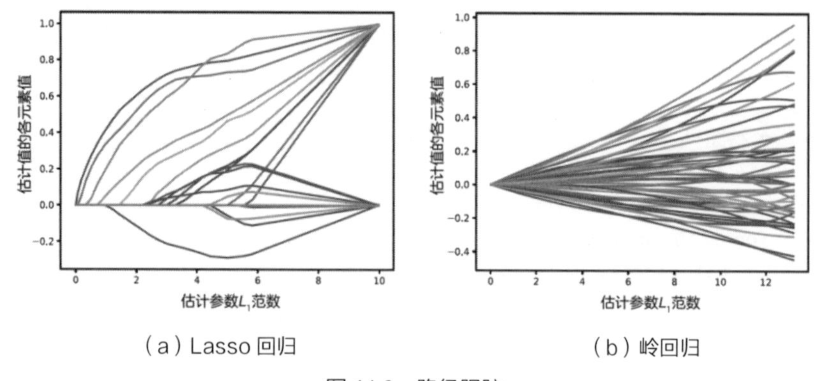

（a）Lasso 回归　　（b）岭回归

图 11.3　路径跟踪

将 L_1 正则化应用于回归问题，可以得到使众多元素为零的回归系数的估计。利用该性质，可以通过 L_1 正则化进行变量选择。

11.2 弹性网络

由于正则化项中包含绝对值函数的性质，L_1 正则化比 L_2 正则化（如岭等）更倾向于使靠近零的回归系数趋近于零，因此有人指出使用 Lasso 回归对回归函数进行预测准确度并不是很高。

由此，可以使用混合 L_1 正则化和 L_2 正则化的正则化项，称为**弹性网络**（Elastic Net）。弹性网络的正则化项由表达式（11.1）的第二项给出。当综合 L_1 正则化和 L_2 正则化的参数 w 为 $0 \leq w < 1$ 时，正则化项为 $\beta_i = 0$，且不可微，因此易于发生 $\beta_i = 0$ 的情况。此外，如果 $w > 0$，在原点附近，则不会如 L_1 正则化那样强烈地使其趋向于原点。与此相关联，在 Lasso 中，当 $d > n$ 时，估计参数的非零元素不会超过 n，但在典型的弹性网络中，非零元素的数量可能会大于 n[①]。在想要确保有尽可能多的特征值的情况下，弹性网络比 Lasso 更合适。

下面比较依据 Lasso 和 Elastic Net 分别估计的参数的非零元素的数量。弹性网络的正则化路径可以通过 sklearn.linear_model 模块的 enet_path 计算。

```
>>> # 设定：数据量、维度、非零系数的数量
>>> n, d, s = 100, 200, 30
>>> beta = np.r_[np.ones(s),np.zeros(d-s)]      # 真实参数
>>> # 生成数据
>>> X = np.random.randn(n,d)
>>> y = np.dot(X,beta) + np.random.normal(scale=0.01,size=n)

>>> # 弹性网络的正则化路径：w=0.3
>>> _,coef_path,_ = linear_model.enet_path(X,y,l1_ratio=0.3)
>>> coefL1 = np.sum(np.abs(coef_path),axis=0)    # 回归系数的 L1 范数
>>> nonzeros = np.sum(coef_path!=0,axis=0)       # 非零元素的数量

>>> # 绘图：弹性网络的正则化路径
>>> plt.plot(coefL1, nonzeros,linestyle='solid',lw=3,
...     label='elastic net')

>>> # Lasso 的正则化路径
>>> _,coef_path,_ = linear_model.lasso_path(X,y)
>>> coefL1 = np.sum(np.abs(coef_path),axis=0)    # 回归系数的 L1 范数
>>> nonzeros = np.sum(coef_path!=0,axis=0)       # 非零元素的数量

>>> # 绘图：Lasso 的正则化路径
>>> plt.plot(coefL1, nonzeros,linestyle='dashed',lw=3,label='Lasso')

>>> # 设置：非零元素的数量的绘制
>>> plt.xlabel('L1 norm')
>>> plt.ylabel('num. of nonzero coefficients')
>>> # 绘制高度 n 的水平线
>>> plt.axhline(y=n,c='black',linestyle=':',lw=1)
>>> plt.legend()
>>> plt.show()
```

绘图结果如图 11.4 所示。横轴是估计量的 L_1 范数，纵轴是维度为 200

① 对于非零元素，通过详细调查，可以从理论上导出对 Lasso 和弹性网络最小化问题的最佳性条件（Karush-Kuhn-Tucker，KKT 条件）。

的估计参数的非零元素个数，可以看出弹性网络有更多的非零元素。此外，依据 Lasso 估计的非零元素的数量不大于数据量 n，但在弹性网络的情况下，对于正则化参数较小（L_1 范数大）的情况，非零元素的数量大于数据量 n。

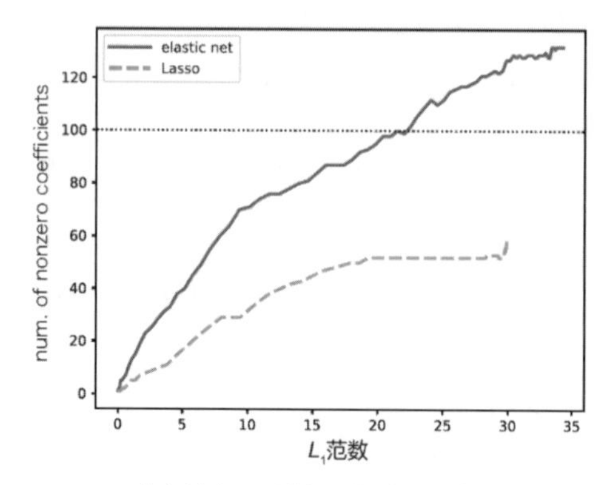

图 11.4　Lasso（虚线）和弹性网络（实线）的非零元素数量

针对适当的正则化参数 α，根据 Lasso 回归和弹性网络估计所得的参数如图 11.5 所示。弹性网络中的非零元素包含 Lasso 回归的非零元素。

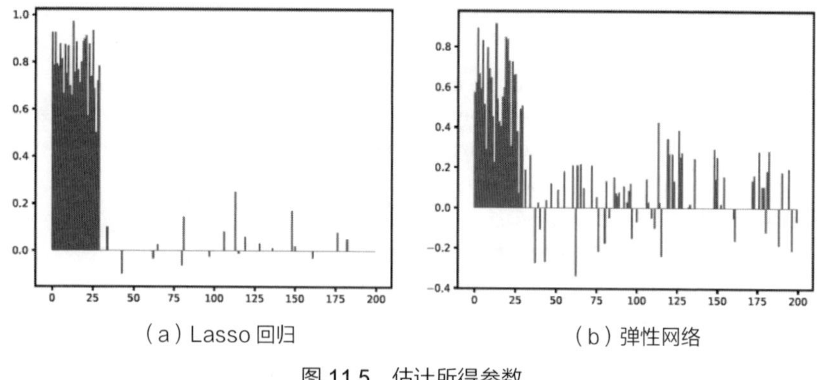

（a）Lasso 回归　　（b）弹性网络

图 11.5　估计所得参数

11.3 稀疏逻辑回归

L_1 正则化不仅可以用于回归分析，还可以用于分类问题的特征选择。假设观测到数据 $(x_1, y_1), \cdots, (x_n, y_n)$，其中设 $x_i \in R^d$，$y_i \in \{0,1\}$，使用逻辑回归由 x 预测 y。标签 y 为 1 的概率可以用线性表达式 $\alpha_0 + x^{\mathrm{T}}\beta$ 表示如下：

$$P_{\mathrm{r}}(y=1)=\frac{1}{1+\mathrm{e}^{-\alpha_0+x^{\mathrm{T}}\beta}}$$

通常，最小化对数损失并估计参数 α_0 和 β。在这里，为了使系数 $\beta=(\beta_1,\cdots,\beta_d)$ 具有很多零分量，加上 L_1 正则化并进行最小化。

$$\min_{\alpha_0,\beta} C\sum_{i=1}^{n}\log(1+\mathrm{e}^{-y_i(\alpha_0+x_i{}^{\mathrm{T}}\beta)})+\|\beta\|_1$$

用这种方式估计判别函数的方法称为**稀疏逻辑回归**。与通常的 Lasso 一样，最小化的函数是关于参数的凸函数。由于处理不可微 L_1 正则化的优化方法得到了很好的发展，因此其可以有效地计算估计参数。如果没有假设回归系数的稀疏性，则可以与岭回归一样使用 L_2 正则化 $\frac{1}{2}\|\beta\|_2^2$ 代替 L_1 正则化。

在 Python 中，可以使用 sklearn.linear_model 模块的 LogisticRegression 执行带有 L_1 正则化或 L_2 正则化的逻辑回归。下面看一个简单的示例。使用与估计回归函数时相同的线性形式生成二值标签，并使用稀疏逻辑回归估计参数。

```
>>> from sklearn.linear_model import LogisticRegression
>>> n, d, s = 100, 200, 30          # 设置：数据量、维度、非零元素数量

>>> # 设置参数
>>> beta = np.r_[np.ones(s),np.zeros(d-s)]          # 真实的参数

>>> # 生成数据
>>> X = np.random.randn(n,d)
>>> y = (np.dot(X,beta) + np.random.normal(scale=0.001,size=n) >= 0)
>>> alpha = 1                                        # 正则化参数：1/C
>>> slr = LogisticRegression(penalty='l1',C=1/alpha) # L₁ 正则化
>>> slr.fit(X,y)
>>> rlr = LogisticRegression(penalty='l2',C=1/alpha) # L₂ 正则化
>>> rlr.fit(X,y)
```

图 11.6 显示了使用适当的正则化参数估计的回归系数的条形图。在 LogisticRegression 中，估计所得的回归系数存储在 coef_中。对应于多值分类的估计，coef_是一个二维数组。因此，要提取二值分类的逻辑回归系数，则取 coef_[0]的值。

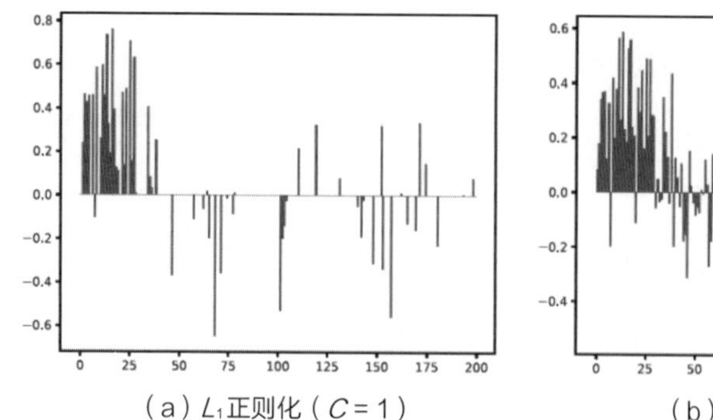

（a）L_1正则化（$C=1$）

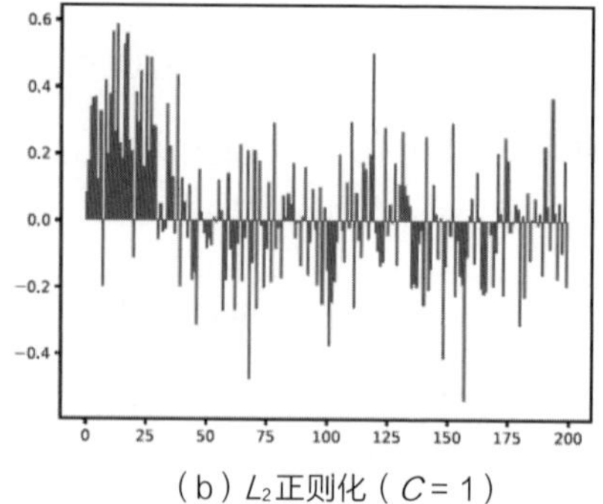

（b）L_2正则化（$C=1$）

图 11.6　逻辑回归模型的参数估计

```
>>> # 估计所得的回归系数的图
>>> plt.bar(np.arange(d),slr.coef_[0]); plt.show()        # L1 正则化
>>> plt.bar(np.arange(d),rlr.coef_[0]); plt.show()        # L2 正则化
```

在 L_1 正则化的稀疏逻辑回归中，很多参数都恰好为 0；在使用 L_2 正则化的逻辑回归中，所有参数都为非零值。

与线性回归的情况一样，改变正则化参数，并绘制估计参数的正则化路径（见图 11.7）。逻辑损失中的正则化路径是曲线状的，无法准确确定，但可以了解估计参数的大致状况。设数据 X 和 y 如上所述，绘制稀疏逻辑回归正则化路径的代码如下。利用 L_1 正则化的学习算法，正确设置正则化参数 C 的范围，使用 sklearn.svm 中的 l1_min_c 比较方便。

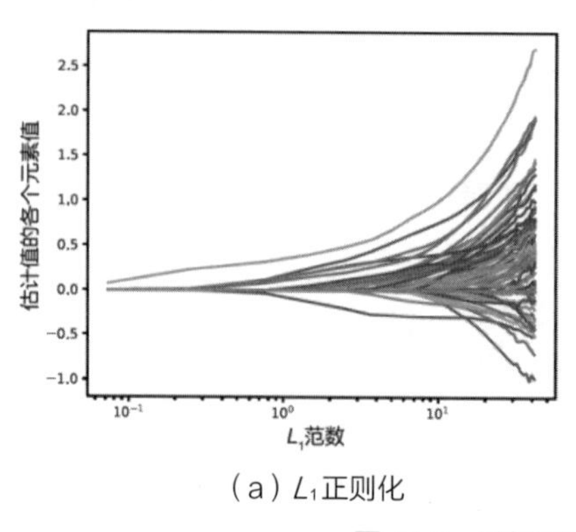

（a）L_1正则化

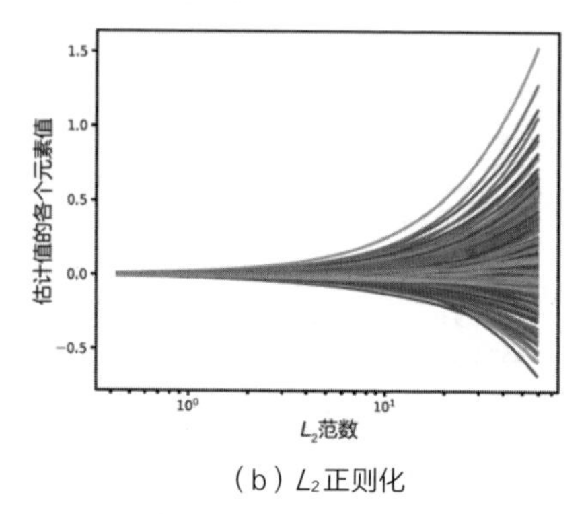

（b）L_2正则化

图 11.7　逻辑回归中的路径跟踪图

```
>>> # 稀疏逻辑回归的正则化路径
>>> from sklearn.linear_model import LogisticRegression
>>> from sklearn.svm import l1_min_c                    # 使用 l1_min_c
```

```
>>> slr = LogisticRegression(penalty='l1')

>>> # 设置正则化参数的范围
>>> cs = l1_min_c(X, y, loss='log') * np.logspace(-2, 3)
>>> coefs = []
>>> for c in cs:
...     slr.set_params(C=c).fit(X,y)    # 在各个 C 的情况下估计回归系数
...     coefs.append(slr.coef_[0])
>>> coef_path = np.array(coefs).T
>>> coefL1 = np.sum(np.abs(coef_path),axis=0)    # 回归系数的 L1 范数

>>> # 绘图准备
>>> plt.xlabel('L1 norm');plt.xscale('log');plt.ylabel('coefficients')

>>> # 绘制各个回归系数
>>> for i in np.arange(d):
...     plt.plot(coefL1,coef_path[i,:])
>>> plt.show()
```

设置选项 penalty='l2'，绘制 L_2 正则化的正则化路径。

11.4 条件独立和稀疏学习

可以应用 L_1 正则化的思想估计多变量之间的依赖关系。假设多维随机变量 $X=(X_1,\cdots,X_d)$ 服从正态分布 $N_d(0,\boldsymbol{\Sigma})$，期望值为 0，方差-协方差矩阵为 $\boldsymbol{\Sigma}=(\sigma_{ij})$。$\boldsymbol{\Sigma}$ 的逆矩阵 $\boldsymbol{\Lambda}=\boldsymbol{\Sigma}^{-1}=(\lambda_{ij})$ 称为精度矩阵。本节重点介绍精度矩阵的估计。

变量 X_i 和 X_j 之间的关联强度可以用协方差 σ_{ij} 和相关系数 $\sigma_{ij}/\sqrt{\sigma_{ii}\sigma_{jj}}$ 来衡量。即在测量了 X_i 和 X_j 之间关联强度时，同时考虑其他变量的影响。而矩阵 $\boldsymbol{\Lambda}$ 是不考虑其他变量的影响（即不考虑 X_i 和 X_j 以外的变量条件下）的情况下衡量 X_i 和 X_j 之间的关联强度。例如，$\lambda_{ij}=0$ 表示在排除其他变量的影响时，X_i 和 X_j 是独立的（条件独立的）。

下面介绍一个条件独立的示例。假设三维随机变量 $X=(X_1,X_2,X_3)$ 服从正态分布，如果 $\lambda_{12}=0$ 且 X_3 的值保持不变，则 (X_1,X_2) 的条件分布如图 11.8（a）所示。每个集群对应不同的 X_3 的值，且每个集群中数据点的分布看起来似乎是不相关的。当 $\lambda_{12}\neq 0$ 时，对应于 X_3 值的各个集群中的数

据点看起来存在负相关，呈斜线方向分布[见图 11.8（b）]。实际上，在该示例中，条件分布的相关系数约为-0.7。

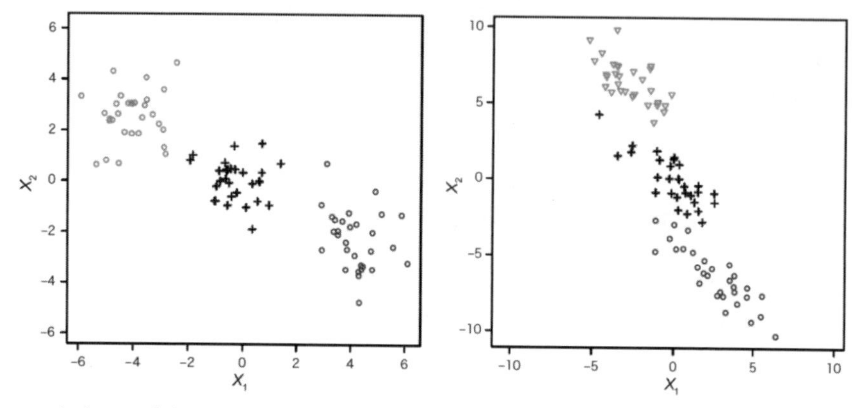

（a）$\lambda_{12}=0$（当 X_1、X_2 是 X_3 的条件独立时）（b）$\lambda_{12}\neq 0$（当 X_1、X_2 不是 X_3 的条件独立时）

图 11.8　条件独立

(X_1, X_2) 的边际分布是当作为条件的 X_3 的值以各种方式改变时所获得的数据的散点图的叠加。因此，即使是条件独立，由边际分布计算的（正态）协方差也可以是非零的；相反，即使不是条件独立，理论上协方差也有可能变为零。

如上所述，条件独立性与精度矩阵 $\boldsymbol{\Lambda}$ 直接相关。假设多组变量满足条件独立性，此时考虑 $\boldsymbol{\Lambda}$ 的估计。由于假设许多的 λ_{ij} 为 0，因此可以应用 L_1 正则化。

条件独立性的关系可以用无向图表示。考虑一个以变量 $X_1, \cdots, X_n$ 作为顶点的图，如果 $\lambda_{ij} \neq 0$，则用无向边连接 X_i 和 X_j。图的连通性等性质与两个或多个随机变量的条件独立性等在统计上的性质相对应[19]。最大边数是顶点的平方的数量级，但实际的边数要少得多。此时的图由于边数量少，因此可以说是稀疏的。由数据估计稀疏精度矩阵 $\boldsymbol{\Lambda}$ 的方法称为**图 Lasso**。

下面介绍一种通过假设数据分布为正态分布来估计精度矩阵的方法。假设观测到数据 $x_1, \cdots, x_n \in R^d$。设期望值为 0，如有必要，从每个数据中减去样本均值。令由样本计算的方差-协方差矩阵如下：

$$S = \frac{1}{n}\sum_{i=1}^{n} x_i x_i^{\mathrm{T}}$$

当参数为 $\boldsymbol{\Lambda} = \boldsymbol{\Sigma}^{-1}$ 时，得到由多变量正态分布确定的对数损失（常量省

略），如下所示。

$$对数损失 = \mathrm{TrS}\boldsymbol{\Lambda} - \log \det \boldsymbol{\Lambda}$$

通过加入 L_1 正则化项 $\|\boldsymbol{\Lambda}\|_1 = \boldsymbol{\Sigma}_{i,j} |\lambda_{ij}|$ 来最小化函数：

$$\min_{\boldsymbol{\Lambda}} \mathrm{TrS}\boldsymbol{\Lambda} - \log \det \boldsymbol{\Lambda} + \alpha \|\boldsymbol{\Lambda}\|_1$$

可以得到一个稀疏精度矩阵，作为这个问题的最优解。

在 Python 中，sklearn.covariance 模块的 GraphLasso 或者 GraphLassoCV 可用于依据图 Lasso 的估计。下面展示一个示例：要生成稀疏正定矩阵，使用 sklearn.datasets 模块的 make_sparse_spd 矩阵。为了生成数据，使用 np.random.multivariate_normal 生成一个服从多变量正态分布的样本。

```
>>> from sklearn.covariance import GraphLassoCV
>>> from sklearn import datasets
>>> d, n = 10, 100          # 维度、样本量

>>> # 生成稀疏正定矩阵：非对角元素为零的概率为 0.8
>>> P = datasets.make_sparse_spd_matrix(d,alpha=0.8)

>>> # 由方差-协方差矩阵中具有 P 的倒数的多维正态分布生成数据
>>> cov = np.linalg.inv(P)
>>> X = np.random.multivariate_normal(np.zeros(d), cov, size=n)

>>> # 估计稀疏精度矩阵，通过交叉验证法选择正则化参数
>>> gl = GraphLassoCV()
>>> gl.fit(X)               # 估计
```

图 11.9 显示了由 plt.imshow 绘制的精度矩阵和估计的精度矩阵。plt.imshow 将数组显示为图像中的像素值。

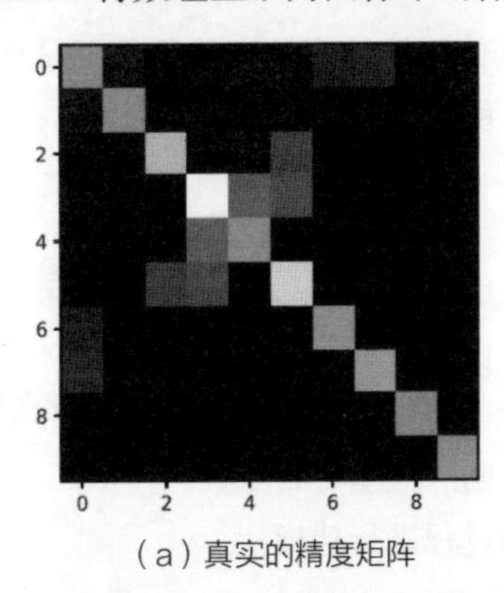

（a）真实的精度矩阵

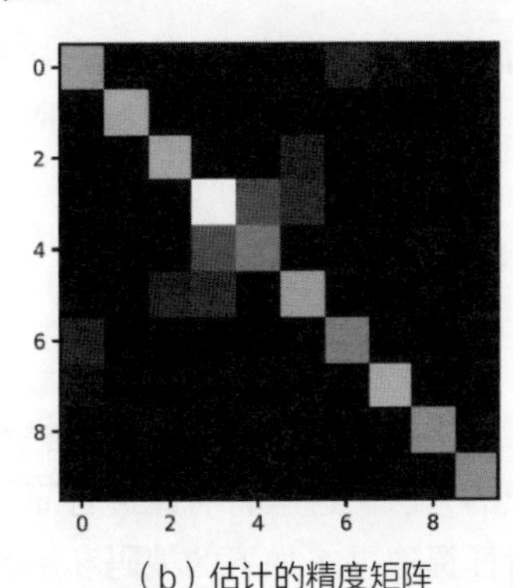

（b）估计的精度矩阵

图 11.9　通过图形 Lasso 估计精度矩阵（颜色的深浅表示矩阵每个元素的绝对值大小）

```
>>> plt.imshow(np.abs(P),'gray')                    # 真实的精度矩阵
>>> plt.show()
>>> plt.imshow(np.abs(gl.precision_),'gray')        # 估计结果
>>> plt.show()
```

此外，图 11.10 显示了通过交叉验证方法对正则化参数 alpha 计算对数似然的结果。

```
>>> # 绘制交叉验证法的结果
>>> plt.ylabel('Cross-validation score')
>>> plt.xlabel('alpha')
>>> plt.xscale('log')
>>> plt.plot(gl.cv_alphas_,np.mean(gl.grid_scores_, axis=1),'o-')
>>> plt.axvline(gl.alpha_)
>>> plt.show()
>>> gl.alpha_               # 选择的 alpha 的值
0.055336700649
```

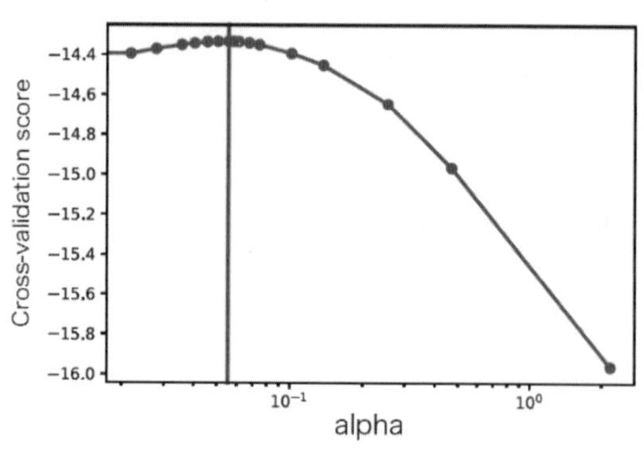

图 11.10　通过交叉验证法确定 alpha

精度矩阵显示了所关注的变量在其他变量的值给定的条件下是如何相关的。因为存在可能难以解释的情况，所以应用结果时需要谨慎。

11.5 字典学习

字典学习是一种着眼于稀疏性和聚类分析之间的相似度，从数据中提取特征的方法。这里将对此进行简要说明。

特征提取是按如下的编码和解码的过程进行建模。

编码：$x \in \mathbb{R}^d \mapsto y = \phi(x) \in \mathbb{R}^k$

解码：$y \in \mathbb{R}^k \mapsto \varphi(y) \in \mathbb{R}^d$

设计函数ϕ、φ，使得原始数据x和$\varphi[\phi(x)]$之间的误差减小。特征提取通常用于回归分析和分类分析的预处理。当获得的数据中除了有监督学习的数据，同时还存在大量无监督学习的数据的情况下，该方法尤为有用。与仅使用有监督学习的数据相比，使用无监督学习的数据进行适当的特征提取可以获得更高的预测准确度。

确定编码$\phi(x)$和解码$\varphi(y)$的具体方法在第5章的主成分分析和第9章的聚类分析中曾经介绍说明过。本节中基于聚类分析中的k均值算法的稀疏性推导出字典学习。

设有数据$x_1,\cdots,x_n \in R^d$，假设通过k均值算法将数据分为k组，每组都对应k维向量：

$$\boldsymbol{e}_1=(1,0,\cdots,0)^{\mathrm{T}},\boldsymbol{e}_2=(0,1,0,\cdots,0)^{\mathrm{T}},\cdots,\boldsymbol{e}_k=(0,\cdots,0,1)^{\mathrm{T}} \in R^k$$

在数据x的空间中，设各组的中心向量为$d_\ell \in R^d\,(\ell=1,\cdots,k)$，设$d \times k$矩阵$\boldsymbol{D}$为$\boldsymbol{D}=(d_1 \cdots d_k)$，该矩阵称为**字典**。此时第$\ell$组的数据$x$的编码为$\phi(x)=e_\ell$，解码为$\varphi(e_\ell)=De_\ell=d_\ell$。在$k$均值算法中，为了使像这样定义编码和解码时的平方误差最小化，对数据进行分组。当表述为优化问题时，解决以下问题即可：

$$\min_{\boldsymbol{D},\boldsymbol{u}_1,\cdots,\boldsymbol{u}_n} \sum_i \frac{1}{2}\|\boldsymbol{x}_i-\boldsymbol{D}\boldsymbol{u}_i\|^2 \qquad \text{subject to } \boldsymbol{u}_i \in \{\boldsymbol{e}_1,\cdots,\boldsymbol{e}_k\} \tag{11.2}$$

向量$\boldsymbol{u}_i$对应于$\boldsymbol{x}_i$的组，矩阵$\boldsymbol{D}$给出中心向量。虽然9.1节中讨论的损失和表达不同，但却是相同的内容。问题（11.2）中对于$\boldsymbol{u}_i$的约束，可以使用L_0范数等表示为满足如下关系的向量：

$$\|\boldsymbol{u}_i\|_0=1,\ \ 1^{\mathrm{T}}\boldsymbol{u}_i=1\ (1=(1,\cdots,1)^{\mathrm{T}})$$

为了实现比k均值算法更为灵活的聚类分析，放宽了对向量$\boldsymbol{u}_i$的条件。考虑到特征提取对应数据分组，强化L_0范数的约束，去除其他约束。通常，设可以属于多个分组，当$s>0$，有如下表达式：

$$\min_{\boldsymbol{D},\boldsymbol{u}_1,\cdots,\boldsymbol{u}_n} \sum_{i=1}^n \frac{1}{2}\|\boldsymbol{x}_i-\boldsymbol{D}\boldsymbol{u}_i\|^2 \qquad \text{subject to} \|\boldsymbol{u}_i\|_0 \leqslant s$$

取代去除变量$\boldsymbol{u}_i$的条件$1^{\mathrm{T}}\boldsymbol{u}_i=1$，将$\boldsymbol{D}$的各列向量$d_1,\cdots,d_n$的$L_2$范数约束为1，由此可以避免乘法Dui中$\boldsymbol{D}$和$\boldsymbol{u}_i$的缩放尺度不固定的问题。另外，正如同在Lasso回归中所考虑的那样，将L_0范数替换为L_1范数，可以更容易解决问题。

最后，以 k 均值算法为出发点，可以解决下述优化问题。

$$\min_{D,u_1,\cdots,u_n}\sum_{i=1}^{n}\left\{\frac{1}{2}\left\|x_i-Du_i\right\|^2+\alpha\left\|u_i\right\|_1\right\} \tag{11.3}$$

Subject to D 的各列 L_2 范数为 1

通过解决这个问题，可以从各种数据 $x_1,\cdots,x_n$ 中学习其基本组成元素的字典 D，以及每个数据 x_i 的特征 Du_i，这样的学习称为**字典学习**。

如果 D 是不变的，问题（11.3）的目标函数是 $u_1,\cdots,u_n$ 的凸函数。但是，如果包含 D 在内，则其为一个非凸函数。因此，需要注意的是，并非总是可以获得全局最优解。Python 的软件包中有一种实用的计算算法，可用于近似地优化非凸函数。

二维数据聚类分析结果如图 11.11 所示。$k=12$ 的 k 均值聚类方法的中心向量用×表示，由字典学习得到的 $d_1,\cdots,d_k$ 用◇表示。由于字典的每一列都是标准化的，因此其在单位圆上。

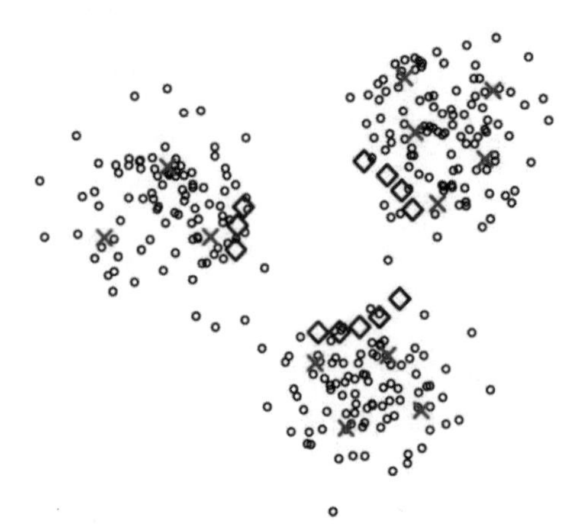

图 11.11　k 均值算法和字典学习（$k=12$ 的示例。×是 k 均值算法的中心向量，◇是字典学习的 $d_1,\cdots,d_k$）

令 $\hat{D}$ 是问题（11.3）中字典的最优解，此时分别进行编码和解码，如下所示。

编码：$x\rightarrow$ 问题 $\min\limits_{u\in R^k}\frac{1}{2}\left\|x-\hat{D}u\right\|^2+\alpha\left\|u\right\|_1$ 的解。

解码：$u\rightarrow\hat{D}u$。

像这样通过数据构造字典 D 作为特征量，尤其是当数据为图像时特别有效。在学习图像时，首先的问题就是应该使用哪些特征量。根据经验，总结了各种可以作为特征量的规则。通过字典学习，选择特征量的过程也可以组合到学习中。

在 Python 中，可以使用 sklearn.decomposition 模块中的 DictionaryLearning 和 MiniBatchDictionaryLearning 执行字典学习。下面展示一个通过字典学习从图像数据中提取特征的示例。将图像数据分成小的图像块（如 8 像素 × 8 像素）并将它们设为向量数据 x（如 8 × 8 维数据）。向量的每个元素代表相应像素的深浅。从多个图像得到的大量图像块中学习作为图像组成部分的字典。要将图像分成小图块，可以使用 sklearn.feature_extraction.image 的 extract_patches_2d。通常需要使用大量的图像，在下面的示例中使用 4 个 512 × 512 维的图像数据（见图 11.12）。从每个图像中提取$(512-7)^2=255025$枚的 8 × 8=64 维的图像块，总共有 255025 × 4=1020100 个图像块学习字典。

（a）boat

（b）goldhill

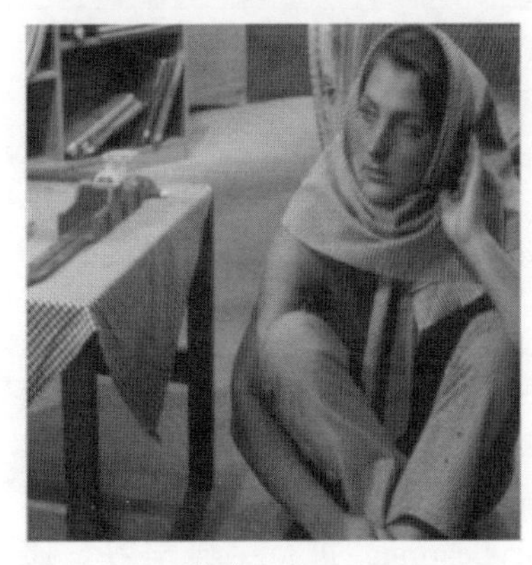

（c）barbara

（d）pepper

图 11.12　画像数据

首先，生成图像块。利用 Pillow (PIL)和 OpenCV 加载图像。在这里，使用来自 PIL.Image 模块的 open。

```
>>> from PIL import Image      # 使用 Image
>>> # 有关字典学习的工具
>>> from sklearn.decomposition import MiniBatchDictionaryLearning
>>> from sklearn.feature_extraction.image import extract_patches_2d

>>> # 图像文件名
>>> imfiles = ['boat.png','goldhill.png',
...             'barbara512.bmp','pepper512.bmp']
>>> patch_size = (8,8)         # 图像块的大小
>>> imgs = np.empty((0,np.prod(patch_size)))
>>> for f in imfiles:          # 将每个图像切割为图像块并生成数据矩阵
...     im = np.asarray(Image.open('data/'+f))
...     imp = extract_patches_2d(im, patch_size)
...     imgs = np.append(imgs, imp.reshape(imp.shape[0],-1), axis=0)
>>> imgs.shape
(1020100, 64)

>>> imgs
array([[127., 123., 125., ..., 123., 126., 126.],
       [123., 125., 120., ..., 126., 126., 128.],
       [125., 120., 126., ..., 126., 128., 133.],
       ...,
       [189., 194., 173., ..., 189., 188., 184.],
       [194., 173., 173., ..., 188., 184., 192.],
       [173., 173., 187., ..., 184., 192., 196.]])
```

显示部分图像块[见图 11.13（a）]:

```
>>> # 随机选择原始图像的 100 个图像块 (imgs)
>>> pi = imgs[np.random.choice(np.arange(imgs.shape[0]),100,
...          replace=False),:]
>>> for i, comp in enumerate(pi[:100]):
...     plt.subplot(10, 10, i + 1)
...     plt.imshow(comp.reshape(patch_size),     # 绘制矩阵
...                cmap=plt.cm.gray_r, interpolation='nearest')
...     plt.xticks(()); plt.yticks(())
>>> plt.show()
```

在这里，使用 MiniBatchDictionaryLearning 进行字典学习。通过 n_components 指定 u_i 的维度，并用 alpha 设置正则化参数 α 的值。在这个

示例中，n_components = 100，通过编码将 64 维数据映射至 100 维进行特征提取。

```
>>> DL = MiniBatchDictionaryLearning(n_components=100, alpha=100,
... n_iter=3000)
>>> DT = DL.fit(imgs).components_      # D 的转置矩阵
```

像绘制图像块一样绘制经过学习所得的字典。

```
>>> for i, m in enumerate(DT[:100]):
...     plt.subplot(10, 10, i + 1)
...     plt.imshow(m.reshape(patch_size),
...                cmap=plt.cm.gray_r, interpolation='nearest')
...     plt.xticks(()); plt.yticks(())
>>> plt.show()
```

结果如图 11.13（b）所示，获得了比原始数据更清晰的图像。

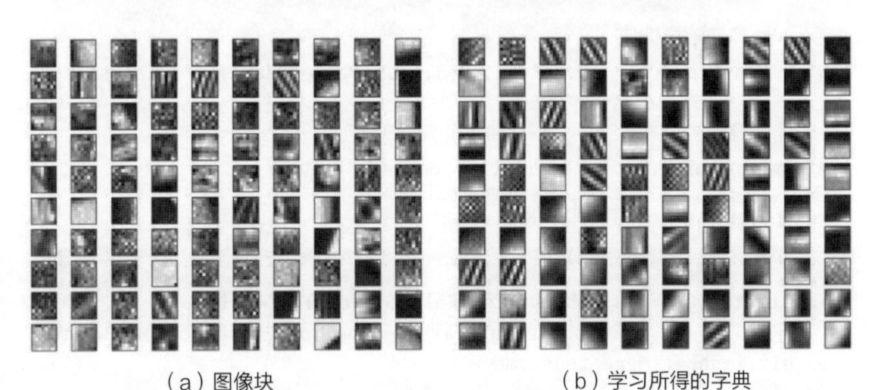

（a）图像块　　（b）学习所得的字典

图 11.13　原始图像补丁和学习字典

使用学习所得的字典去除图像噪声。通过将图像分成图像块并将它们表示为字典中的稀疏线性和来去除噪声，并将其重建为图像。为了使用 sklearn.feature_extraction.image 的 reconstruct_from_patches_2d 重新由图像块合成图像，先读入数据。

```
>>> from sklearn.feature_extraction.image import\
...     reconstruct_from_patches_2d
```

作为一个示例，将上述方法应用于一张人为加入噪声的 data/lenna.png 图像，结果如下所示。执行下面的代码，可能需要耗费一些时间构建稀疏性表达。

```
>>> # 原始图像
>>> image_true = np.asarray(Image.open('data/lenna.png'))
>>> h, w = image_true.shape
>>> noisemat = 50 * np.random.randn(h,w)
...       * np.random.choice([0,1],size=w*h,p=[0.5,0.5]).reshape(h,w)

>>> # 加入噪声的图像
>>> image_noise = np.clip(np.round(image_true + noisemat),0,255)

>>> # 切割为图像块
>>> data = extract_patches_2d(image_noise, patch_size)
>>> data = data.reshape(data.shape[0], -1)

>>> # 稀疏性表达的构成
>>> UT = DL.transform(data)          # U=(u_1,...,u_n) 的转置

>>> # 图像块的再构成
>>> reconst_patch = np.dot(UT, DT).reshape(len(data), *patch_size)

>>> # 图像的再构成
>>> image_denoise = reconstruct_from_patches_2d(reconst_patch, (h,w))
```

使用 plt.imshow 绘制图像。

```
>>> # 绘图：原始图像
>>> plt.tick_params(labelbottom=False, labelleft=False,
...                 labelright=False, labeltop=False, color='white')
>>> plt.imshow(image_true,cmap='gray')
>>> plt.show()

>>> # 绘图：加入噪声的图像
>>> plt.tick_params(labelbottom=False, labelleft=False,
...                 labelright=False, labeltop=False,color='white')
>>> plt.imshow(image_noise,cmap='gray')
>>> plt.show()

>>> # 绘图：去除噪声的图像
>>> plt.tick_params(labelbottom=False, labelleft=False,
...                 labelright=False, labeltop=False,color='white')
>>> plt.imshow(np.asarray(image_denoise),cmap='gray')
>>> plt.show()
```

图 11.14 显示了使用字典重建图像的结果。另外，图 11.15 显示了对其他图像进行相同处理的结果。

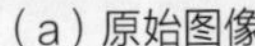
（a）原始图像　（b）加入噪声的图像　（c）去除噪声的图像

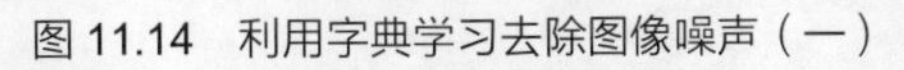
图 11.14　利用字典学习去除图像噪声（一）

（a）原始图像　（b）加入噪声的图像　（c）去除噪声的图像

图 11.15　利用字典学习去除图像噪声（二）

第 12 章

决策树与集成学习

本章介绍一种将各种简单的统计方法组合起来进行高精确度预测的学习方法——集成学习。在集成学习中，经常使用将多个决策树组合起来的方法。本章首先介绍决策树，接着介绍结合了套袋法（bagging）、随机森林（random forest）、提升法（boosting）等将决策树组合起来的学习算法。本章参考文献包括[20-22]。

为了执行本章中的程序，需要加载以下软件包和模块。

```
>>> import numpy as np
>>> import matplotlib.pyplot as plt
>>> import pandas as pd
>>> from sklearn import tree, ensemble, datasets
```

12.1 决策树

当观测到带有标签的数据 $(x_1, y_1), \cdots, (x_n, y_n)$ 时，使用树状结构的推理规则预测输入 x 的标签 y。这里，树状结构是指图 12.1 所示的分支形状。

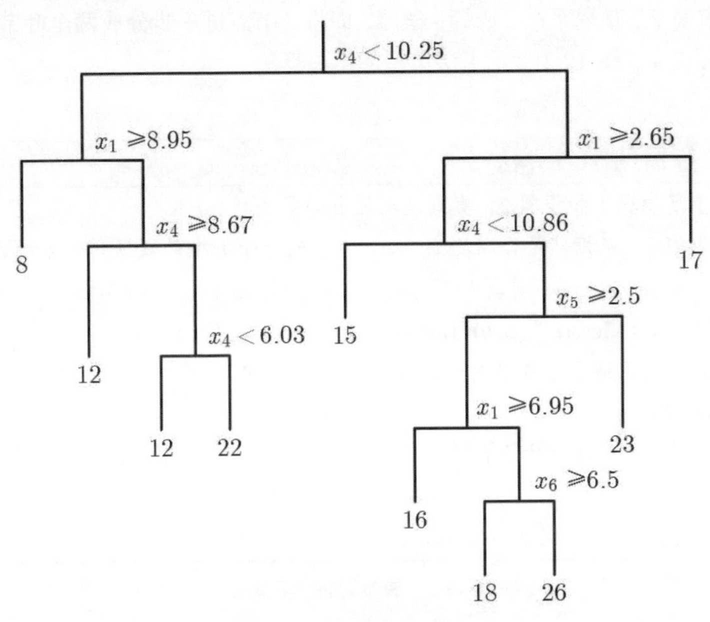

图 12.1　树状结构的统计模型

对于数据 $x = (x_1, \cdots, x_n) \in R^d$，从根节点开始，根据每个节点的条件向叶子前进。每个叶子的标签是 x 的预测值。对于每个节点处的条件，典型的描述形式为：对于 $x \in R^d$ 的某个元素 $x_k (k \in \{1, \cdots, d\})$ 与实数 c，“是否满足 $x_k > c$”。根据这个条件，确定下一个节点，即对于 x 的每个元素，通过 if-then 的规则组合预测最终标签。这样的推理规则称为**决策树**（或分类树）。

对于分类和回归问题几乎可以用相同的决策树的学习算法，因此该方法作为通用方法得到广泛应用。另外，可以每个节点依据简单的规则划分输入空间，其优点是更容易解释学习所得的规则，但预测准确度不是很高。树的层次越深，可以表达的规则越复杂，但会导致过拟合，因此需要使用适当大小的决策树。目前已经有组合多个决策树以进行准确预测的方法。从下一节开始，我们将介绍如何组合决策树。

下面介绍决策树的学习方法。学习是递归进行的，假设学习进行到一半，得到叶子为 $L_1,L_2,\cdots,L_s$ 的二叉树 T。最初，T 只有一个根节点，它是唯一的叶子。假设每个叶子 L 都有一个分类标签（回归问题则为实数）y_L。此外，假设 L 包含满足经过节点的所有条件的数据。叶子 L 中包含的数据比例表示为 $p(L)$。另外，设叶子 L 的标签 y 的损失为 $\text{loss}(L, y)$。损失，即诸如错误率、基尼系数、熵等；学习，即将叶节点进一步分成两个叶节点，使损失减少。图 12.2 显示了决策树的学习算法。

■ 决策树的学习算法

重复步骤 1 和步骤 2，直到满足适当的条件。

步骤 1　根据"是否满足 $x_k > c$"将 T 的叶子 L 中的数据分为 L'和 L''，并赋予标签 $y_{L'}$和 $y_{L''}$。计算如下：

$$\text{loss}(L,y_L)p(L)-\{\text{loss}(L',y_{L'})p(L')+\text{loss}(L'',y_{L''})p(L'')\}$$

定义使上述表达式最大化的 $k\in\{1,\cdots,d\},c\in R$，$y_{L'}$和 $y_{L''}$，并设最大值为 diff-loss(L)。

步骤 2　对每个叶子 L 执行步骤 1 的计算，并选择使 diff-loss(L)最大化的 L。对 L 施加条件："是否满足 $xk>c$"，将(L, y_L)划分为新的叶节点$(L', y_{L'})$和$(L'', y_{L''})$，成为一棵新的树 T。

图 12.2　决策树的学习算法

如果在没有设置任何结束条件的情况下执行该算法，则算法的执行结果将是使每个叶子都有一个数据，从而形成一棵大树，这将过度拟合数据并降低预测的准确性。因此，需要定义树的复杂度并调整深度，使树不至于过度复杂。例如，决策树 T 有 m 个叶子 $L_1, \cdots, L_m$，每个叶子都有一个预测值 $y_{L_1},\ldots,y_{L_m}$。令 $\alpha > 0$ 为适当的正常量，并将 T 的复杂度定义如下：

$$\text{complex}(T)=\sum_{s=1}^{m}p(L_s)\text{loss}(L_s,yL_s)+\alpha m$$

根据决策树的学习算法计算 complex(T)，提出采用实现 complex(T)最小值的树 T 的方法。

下面展示一个使用 sklearn.tree 模块中的 DecisionTreeClassifier 的示例。

```
>>> d = datasets.load_wine()                    # 读入 wine 数据
>>> dt = tree.DecisionTreeClassifier()          # 决策树
>>> dt.fit(d.data, d.target)                    # 拟合
```

```
>>> 1-dt.score(d.data,d.target)                    # 训练误差
0.0

>>> dt.set_params(max_depth=3)                     # 设置决策树的最大深度值
>>> dt.fit(d.data, d.target)                       # 拟合
>>> 1-dt.score(d.data,d.target)                    # 训练误差
0.022471910112359605
```

如果 DecisionTreeClassifier 的选项 criterion 设置为 entropy，则 complex(T) 的损失为负熵。其默认值为基尼系数（gini）。

使用 graphviz 的 Source，以易于理解的方式显示学习结果。图 12.3 显示了 max_depth = 3 时的结果。

```
>>> import graphviz                     # 使用 graphviz.Source
>>> # 通过 graphviz 绘制决策树
>>> graph = graphviz.Source(tree.export_graphviz(dt,out_file=None))
>>> graph.render("DTplot")              # 将图输出至文件中
'DTplot.pdf'
```

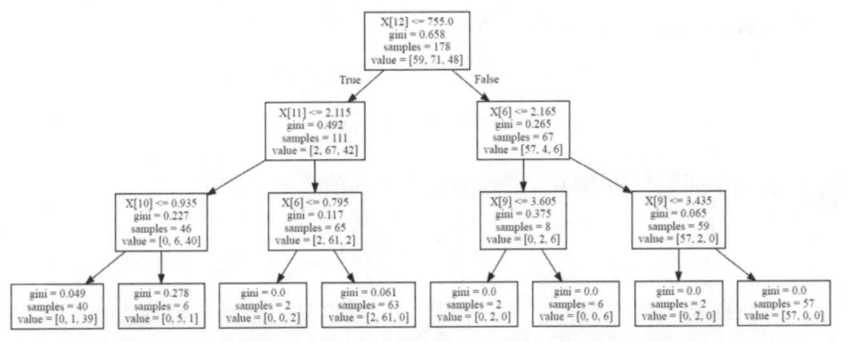

图 12.3　依据决策树学习 wine 数据（将树的最大深度设置为 3）

12.2 套袋法

将由统计学发展而来的 bootstrap 方法应用到机器学习算法中得到的学习算法称为**套袋法**。提升法是一种使用数据重采样为估计量构建置信区间，并执行偏差校正的统计方法。在套袋法（bagging）中，bootstrap 方法主要用于稳定预测。

下面通过套袋法（bagging）解释说明学习方法。在观测到数据

$D=\{(x_1,y_1),\cdots,(x_n,y_n)\}$，并且由 x 预测 y 的情况下，设$\phi D(x)$为使用决策树或支持向量机等恰当的学习算法得到的回归函数或判别函数。在套袋法中，对数据进行重新采样，即数据集 D 中包含的每一个数据(x_i,y_i)都以 $1/n$ 的概率进行有放回抽取，结果得到$D'=\{(x_1',y_1'),\cdots,(x_n',y_n')\}$。其中，$(x_i',y_i')$与 D 中包含的任意一个数据一致。通常 D'包含多个相同的数据，而有些数据又不会出现在 D'中。可以使用第 2 章中介绍的 np.random.choice 完成重采样。

```
>>> # 1,2,3,4,5 的有放回抽取（重采样）
>>> np.random.choice(5,5)
array([2, 0, 0, 0, 1])

>>> # 0,1,2,3,4 的无放回抽取
>>> np.random.choice(5,5,replace=False)
array([1, 0, 3, 2, 4])
```

准备由数据集 D 进行重新采样的多个数据集，并设为D_1'，D_2'，$\cdots$，D_B'，所有这些数据集都由 n 个数据组成。使用重采样数据进行学习，得到预测用的函数$\varphi D_b'(x)(b=1,\cdots,B)$。在套袋法中，将其整合以进行预测。具体来说，如果是用分类方法，则预测值以多数决定为准，即如下式所示。

$$\hat{y}=\arg\max_{y}\left|\{b:\varphi D_b'(x)=y\}\right|$$

如果是回归分析方法，则预测值为平均值（如下所示）：

$$\hat{y}=\frac{1}{B}\sum_{b=1}^{B}\varphi D_b'(x)$$

像这样利用多个数据集进行预测，结果将是稳定的。即使在原始训练数据中混入了一些离群值，套袋法的预测结果受到的影响也往往较小。此外，每个重采样数据的学习可以独立进行，因此很容易并行化。

可以使用 BaggingClassifier 或者 BaggingRegressor 进行套袋法的学习。使用 base_estimator 选项指定基本的学习算法。默认情况下，决策树可用于分类和回归分析。bootstrap 方法的次数 B 通过选项 n_estimators 设定。

```
>>> d = datasets.load_iris()                    # 读入数据
>>> i = np.random.choice(d.data.shape[0],100,replace=False)
>>> ti = np.delete(np.arange(d.data.shape[0]),i)
>>> x, y = d.data[i,:], d.target[i]            # 训练数据
>>> tx, ty = d.data[ti,:], d.target[ti]        # 测试数据
```

```
>>> # 套袋法（bagging）(B=100)
>>> ba = ensemble.BaggingClassifier(n_estimators=100)
>>> ba.fit(x,y)
>>> 1-ba.score(tx,ty)                          # 测试误差
0.020000000000000018

>>> # 学习单个决策树
>>> dt = tree.DecisionTreeClassifier()
>>> dt.fit(x,y)
>>> 1-dt.score(tx,ty)                          # 测试误差
0.040000000000000036
```

在该示例中，套袋法的测试误差比单个决策树的稍小。

12.3 随机森林

随机森林是决策树的套袋法的扩展版本。在套袋法中，数据集可以解释为是随机选择并平均化的。在随机森林中,输入向量的特征也是随机选择的。通过这样的处理，随机森林可以生成比套袋法更多样化的决策树。因此，我们可以认为其表达得到了提高，可以实现超过套袋法的预测性能。

下面解释随机森林的学习算法。决策树使用重采样数据 D_b' 进行学习。在决策树的学习过程中，叶节点的条件为"$x_k > c$ 是否成立"，从$\{1, \cdots, d\}$中随机选择大约为$O(\sqrt{d})$个元素$\{i_1,\cdots,i_{1\sqrt{d}}\}$，并从中选择 k。通过随机约束每个节点的特征量的类型，使学习结果具有多样化。令 $\varphi D_b'(x)$ 为通过这一方法得到的决策树。与套袋法一样，其最终预测结果是通过多数决定的方式获得的。

在 Python 中，可以利用 sklearn.ensemble 模块中的 RandomForestClassifier 进行随机森林的学习。默认情况下，树的数量（由选项 n_estimators 设定）为 10。

下面举一个示例。使用一种癌症数据 data/stagec.csv，其中包括每位患者的年龄、肿瘤大小及状况。表示肿瘤状态的二值标签 pgstat 作为输出，以学习通过其他因素预测的分类器。

```
>>> d = pd.read_csv('data/stagec.csv').values          # 读入数据
>>> xa, ya = np.array(d[:,:6]).astype('float'), d[:,7]
```

```
>>> # 去除 nan
>>> i = ~np.isnan(xa).any(axis=1); xa, ya = xa[i,:], ya[i]
>>> x, y = xa[:100,:], ya[:100]                    # 训练数据
>>> tx, ty = xa[100:,:], ya[100:]                  # 测试数据

>>> # 随机森林：树的数量为 10
>>> rf = ensemble.RandomForestClassifier(n_estimators=10)
>>> rf.fit(x,y)
>>> 1-rf.score(tx,ty)                              # 测试误差
0.027027027027

>>> # 随机森林：树的数量为 1000
>>> rf.set_params(n_estimators=1000)
>>> rf.fit(x,y)
>>> 1-rf.score(tx,ty)                              # 测试误差
0.0540540540541

>>> # 决策树
>>> dt = tree.DecisionTreeClassifier()
>>> dt.fit(x,y)
>>> 1-dt.score(tx,ty)                              # 测试误差
0.0540540540541

>>> # 套袋法（bagging）(B=10)
>>> ba = ensemble.BaggingClassifier(n_estimators=10)
>>> ba.fit(x,y)
>>> 1-ba.score(tx,ty)                              # 测试误差
0.027027027027026973
```

随机森林（n_estimators = 10）的测试误差为 0.027 (2.7%)。在这个示例中，其达到了与套袋法相同的准确度水平。当树的数量设置为 1000 时，测试误差为 0.054，表现出过拟合趋势。由于决策树的测试误差为 0.054，因此可以看出适当使用随机森林可以提高预测准确度。

12.4 提升法

提升法的研究始于 1988 年，由 Kearns 和 Valiant 提出的“弱学习器和强学习器等价吗?”这一问题开始。粗略地讲，弱学习器是性能不是很好的学习算法，而强学习器则实现了较高预测准确度的学习算法。对此，Schapire

在 1990 年通过“依据过滤器的提升法”，在理论上证明了上述问题的等价性，即弱学习器在理论上并没有那么弱。1997 年，Freund 和 Schapire 提出了一种实用的学习算法，称为 AdaBoost。如今，提升法已经成为一种通过组合大量简单预测器来生成具有较高预测准确度的预测器的学习方法。在实际应用中，提升法应用于数码相机的人脸检测等方面。

本节介绍用于二值分类问题的提升法算法并解释说明其在标签概率估计中的应用。

12.4.1 算法

这里，所谓弱学习器或弱学习算法的预测准确度不一定很高，但却是一种需要计算量较少的学习算法。接收二值标签数据 $S=\{(x_1,y_1),\cdots,(x_n,y_n)\}\subset X\times\{+1,-1\}$ 并返回分类器 h 的弱学习器表示如下：

$$h=A(S)$$

弱学习器 A 从预先确定的分类器的集合 H 中搜索分类器 h。设由数据 S 计算分类器 $A(S)\in H$，不需要耗费太多时间。如果数据 (x_i,y_i) 具有权重 w_i，则在 S 中也包含权重信息。

例 12-1 [决策树桩] 决策树桩是利用提升法（boosting）算法的弱学习器的典型示例。决策树桩是深度为 1 的决策树。对于输入 $x=(x_1,\cdots,x_d)$，决策树桩分类器 h 可以表示如下：

$$h(x)=s\times\text{sign}(x_k-c)$$

式中，$s\in\{+1,-1\}(c\in R)$；x_k 为输入的第 k 个元素。

这些 s、c 和 k 是指定分类器的参数，像这样的函数 $h(x)$的集合为 H。如果将决策树 DecisionTreeClassifier 的选项 max_depth 设置为 1，则可以通过决策树桩进行学习。

假设对于数据 (x_i,y_i)，有权重 $w_i>0(i=1,\cdots,n)$。对于弱学习器 $A(S)$，经常使用算法返回在 H 中使加权训练误差（如下式所示）最小化的假设。

$$\frac{1}{n}\sum_{i=1}^{n}w_i I[h(x_i)\neq y_i] \tag{12.1}$$

还有使用 0-1 损失以外的损失函数的弱学习器。提升法的基本步骤如图 12.4 所示。

■提升法

设置：定义弱学习算法 A，设观测数据为 $\{(x_1,y_1),\cdots,(x_n,y_n)\}$，加权数据为 $S_1=\{(x_1,y_1,w_1),\cdots,(x_n,y_n,w_n)\}$。

设初始权重为 $w_i=1/n\ (i=1,\cdots,n)$。

循环：令 $t=1,2,\cdots,T$，重复步骤 1～步骤 3。

步骤 1　对 $St=\{(x_1,y_1,w_1),\cdots,(x_n,y_n,w_n)\}$，令 $ht=A(St)$。

步骤 2　确定 h_t 的置信度 $\alpha_t\in R$。

步骤 3　更新权重 $w_i\ (i=1,\cdots,n)$。

输出：分类器 $H(x)=\mathrm{sign}\left[\sum_{i=1}^{n}\alpha_t h_i(x)\right]$。

图 12.4　提升法的基本步骤

在提升法中，置信度 α_t 和权重 w_i 更新的确定方法存在任意性。根据这些参数确定方法的不同，提出了各种提升法，如 AdaBoost 和 LogitBoost。具体确定置信度和权重的方法将在 12.4.2 节中介绍。在梯度提升法或牛顿提升法中，弱学习器 A 使用与表达式（12.1）不同的标准，这一方面的内容也将在 12.4.2 节中简要补充。上述具有代表性的提升方法表明，如果迭代次数 T 足够大，最终得到的分类器 $H(x)$的训练误差将非常小。

在 Python 中可以使用 sklearn.ensemble 模块中的 AdaBoostClassifier 执行 AdaBoost 算法。

```
>>> ?ensemble.AdaBoostClassifier
Init signature: ensemble.AdaBoostClassifier(base_estimator=None,
n_estimators=50, learning_rate=1.0, algorithm='SAMME.R',
random_state=None)
Docstring:
An AdaBoost classifier.
```

弱学习器由 base_estimator 指定，通过选项 n_estimators 指定轮数 T。

下面展示一个执行示例。数据为 Data/soldat.csv，这是关于新药发明的数据包含化合物信息。其数据量为 5631，输入为 72 维的二值标签数据。在下述示例中，输入中有 71 维不包括 nan 值的数据。数据随机分为训练数据（4000 个样本）和测试数据（1631 个样本）。boosting 的迭代次数为 $T=1000$，作为弱学习器，利用决策树桩。

```
>>> n = 4000                                    # 训练数据量
>>> d = pd.read_csv('data/soldat.csv').values;   # 读入数据
```

```
>>> # 去除 nan 值
>>> d=np.delete(d,70,1)
>>> i = np.random.choice(len(d),n,replace=False)
>>> ti = np.delete(np.arange(len(d)), i)
>>> x, y = d[i,:71], d[i,71]              # 训练数据
>>> tx,ty = d[ti,:71], d[ti,71]           # 测试数据
>>> T = 1000                              # boosting: 轮数

>>> # 决策树桩
>>> bl = tree.DecisionTreeClassifier(max_depth=1)

>>> # 通过决策树桩执行 AdaBoost
>>> ab = ensemble.AdaBoostClassifier(base_estimator=bl, n_estimators=T)
>>> ab.fit(x,y)                           # 拟合

>>> # 各轮数的误差
>>> ada_tr_err = np.zeros((T,))

>>> for i, score in enumerate(ab.staged_score(x,y)):
...     ada_tr_err[i] = 1-score           # 训练误差
>>> ada_te_err = np.zeros((T,))
>>> for i, score in enumerate(ab.staged_score(tx,ty)):
...     ada_te_err[i] = 1-score           # 测试误差
```

图 12.5（a）显示了在每一轮中获得的分类器的训练误差和测试误差。

```
>>> plt.xlabel('round: t')
>>> plt.ylabel('error')
>>> plt.plot(ada_tr_err[::10],label='training error',
...          linestyle='dashed',lw=3)
>>> plt.plot(ada_te_err[::10],label='test error',
...          linestyle='solid', lw=3)
>>> plt.legend()
>>> plt.show()
```

图 12.5（b）展示了当弱学习器是最大深度为 10 的决策树时 AdaBoost 的结果。当弱学习器不是很弱时，AdaBoost 可能并没有提高性能。在这种情况下，需要调整参数，如降低 AdaBoostClassifier 的 learning_rate 选项的值。

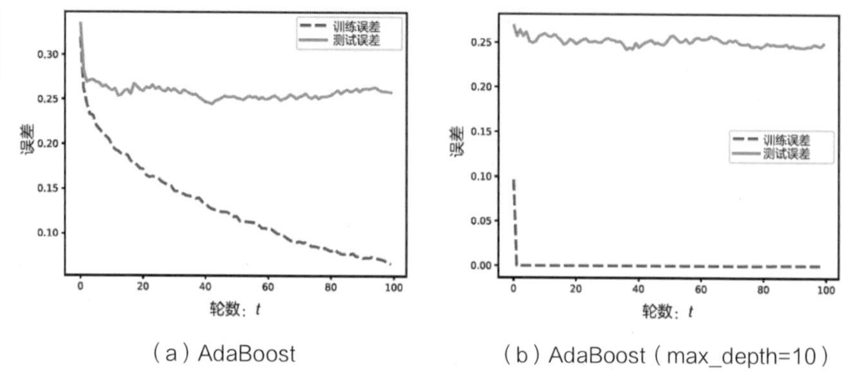

（a）AdaBoost　　（b）AdaBoost（max_depth=10）

图 12.5　AdaBoost 的训练误差（虚线）和测试误差（实线）

接着展示一个使用 XGBoost 的示例，该示例使用牛顿 boosting 方法。XGBoost 由于其计算效率较高，近年来常用于大规模数据分析。在 Python 中，实现有 XGBoost 的 XGBClassifier。

```
>>> import xgboost as xgb                    # 使用 XGBoost
>>> # 读入数据
>>> n = 4000
>>> d = pd.read_csv('data/soldat.csv').values; d = np.delete(d,70,1)
>>> i = np.random.choice(len(d),n,replace=False)
>>> ti = np.delete(np.arange(len(d)), i)
>>> x, y = d[i,:71], d[i,71]                 # 训练数据
>>> tx, ty = d[ti,:71], d[ti,71]             # 测试数据
>>> T = 1000                                 # 轮数：1000
>>> xg = xgb.XGBClassifier(n_estimators=T, max_depth=1,
...                           objective='binary:logistic')
>>> xg.fit(x,y)                              # 拟合
>>> 1-xg.score(tx,ty)                        # 测试误差
0.22624156958920905
```

在上面的示例中，使用弱学习器的决策树（max_depth = 1），二值的逻辑损失（objective ='binary: logistic'）被设定为目标函数。

通过适当的轮数终止 boosting，可以提高分类器的预测准确度。计算每一轮的验证误差，以便找到合适的轮数。当验证误差几乎不再减小时，终止循环。在该算法中，用于计算验证误差的数据与训练数据分开准备。在 XGBClassifier 的 fit 中，如果验证误差没有在选项 early_stopping_rounds 指定的次数内减小，则会终止提升算法。

```
>>> xg = xgb.XGBClassifier(n_estimators=1000, max_depth=1,
```

```
...                  objective= 'binary:logistic')
>>> cvx = x[:3500,:]; cvy = y[:3500];        # 训练数据
>>> eval_set = [(x[3500:,:], y[3500:])]      # 验证用数据
>>> # 设置 verbose: 打印中间过程
>>> xg.fit(cvx, cvy, early_stopping_rounds=10, eval_metric="logloss",
...          eval_set=eval_set,verbose=True)
[0]     validation_0-logloss:0.676525
Will train until validation_0-logloss hasn't improved in 10 rounds.
[1]     validation_0-logloss:0.663015
[2]     validation_0-logloss:0.651837
[3]     validation_0-logloss:0.642342
（省略）
[212]   validation_0-logloss:0.520759
[213]   validation_0-logloss:0.520471
[214]   validation_0-logloss:0.52056
Stopping. Best iteration:
[204]   validation_0-logloss:0.520281

>>> xg.best_iteration            # 最优轮数
204
>>> 1-xg.score(tx,ty)            # 测试误差
0.25505824647455544
```

虽然设置的 n_estimators = 1000，但因为 204 轮就满足终止条件，所以算法在该处终止。

12.4.2 算法的导出

本节介绍提升法的推导过程。一旦理解了导出，就可以理解提升法不仅可以用于分类，还可以用于估计标签概率。

各种学习算法可以使某些损失函数变小。例如，在支持向量机中，设铰链损失 $\max\{1-yF(x),0\}$ 为分类函数 $F(x)$的损失。在提升法中，我们考虑一般的损失函数 $\ell[yF(x)]$。这里，设函数 $\ell(m)(m\in R)$ 是一个单调递减函数，如 $\ell(m)=\mathrm{e}^{-m}$ 或 $\ell(m)=\log(1+\mathrm{e}^{-m})$。由损失函数衍生出各种提升算法。

判别函数 $F(x)$ 可以以基函数 $h_1(x),\cdots,h_B(x)$ 的线性和表示：

$$F(x)=\alpha_1h_1(x)+\cdots+\alpha_Bh_B(x)$$

式中，$h_1,\cdots,h_B$ 为取值在$\{+1,-1\}$的函数。

通过 $F(x)$ 的符号预测标签。由训练数据恰当地确定系数 $\alpha_1,\cdots,\alpha_B$。因

此，我们求得一个可减少累积损失 $L(F)=\sum_{i=1}^{n}\ell[y_iF(x_i)]$ 的分类函数。由于函数 $\ell(m)$ 为单调递减，因此累积损失较小的分类函数对于每个数据往往具有 $y_iF(x_i)$ 增大的趋势。这样得到的分类函数是大多数的数据的 $F(x_i)$ 的符号与 y_i 的符号一致。为了解决这个问题，我们应用优化方法之一的坐标下降法。坐标下降法是一种在函数最小化时函数值向减小最多的坐标轴方向移动来更新参数的方法。

在参数坐标 $\alpha_1,\cdots,\alpha_B$ 中，选取微分 $\partial L(F)/\partial\alpha_k$ 的值为最小的负值的坐标轴作为损失 $L(F)$减少最多的方向。由于微分为

$$\begin{aligned}\frac{\partial L(F)}{\partial\alpha_k}&=\sum_{i=1}^{n}\ell'[y_iF(x_i)]y_ih_k(x_i)\\&=-2\sum_{i=1}^{n}\ell'[y_iF(x_i)]I[y_i\neq h_k(x_i)]+\sum_{i=1}^{n}\ell'[y_iF(x_i)]\end{aligned}$$

因此寻找使 $\partial L(F)/\partial\alpha_k$ 最小化的方向，就相当于寻找使

$$\sum_{i=1}^{n}w_iI[y_i\neq h_k(x_i)],\qquad w_i=-\ell'[y_iF(x_i)]\geqslant 0$$

最小化的函数 h_k。这一过程可以视作分类器 h_k 的加权训练误差的最小化。这样就得到了每次迭代的假设 h_t。该假设的置信度 α_t 设置为使 $L(F+\alpha h_t)$ 最小化的 α 。

损失函数与提升算法有如下对应关系。

- AdaBoost：$\ell(m)=\mathrm{e}^{-m}$
- LogitBoost：$\ell(m)=\log(1+\mathrm{e}^{-m})$
- MadaBoost：$\ell(m)=\begin{cases}\mathrm{e}^{-m}, & m>0\\ -m+1, & m\leqslant 0\end{cases}$

各损失函数如图 12.6 所示。

提升算法的基本思想是顺着损失的梯度方向减少损失。因此，在梯度提升方法中，使用最小二乘法将数据

$$S=\{(x_i,-\ell'(y_iF(x_i)))i=1,\cdots,n\}$$

作为弱学习器构建算法。在这种情况下，弱学习器的输出 h_t 是关于 S 的回归方程，而不是分类器。置信度 α_t 被定义为最小化 $L(F+\alpha h_t)$ 的 α 。

另外，使用牛顿法代替坐标下降法作为数值优化方法的方法称为**牛顿提升法**。对上述数据 S 稍加修正得到的数据的加权最小二乘法为弱学习器。

XGBoost 将牛顿提升法应用于逻辑损失 $\ell(m)=\log(1+e^{-m})$ 。由于弱学习器对于像 S 这样的数据是拟合的，因此作为统计模型，使用决策树进行回归分析。通常，为了使有正则化项的决策树的损失最小化而构建算法。有关详细信息请参阅参考文献[6]、[23]以及网络上的相关信息。

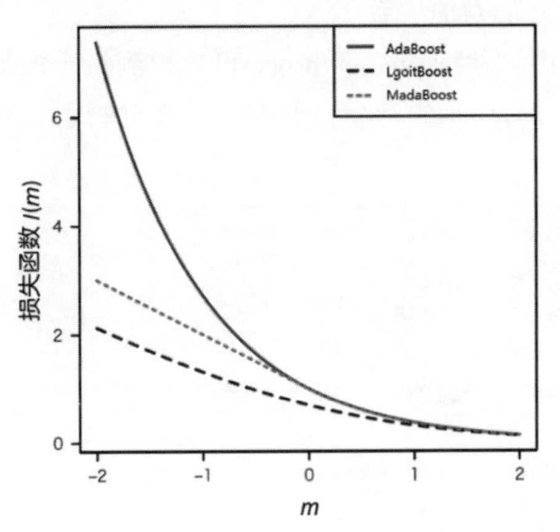

图 12.6　AdaBoost、LogitBoost、MadaBoost 的损失函数

12.4.3　基于提升法的概率估计

提升法可以解释为一种使损失函数最小化的算法。当数据数量足够大时，损失的样本均值根据大数定律收敛如下：

$$\sum_{x} P_r(x) \sum_{y=\pm1} P_r(y \mid x)\ell[yF(x)] \tag{12.2}$$

式中，$P_r(x)$为输入 x 的概率；$P_r(y|x)$为基于输入 x 的条件下标签 y 的条件概率。

如果输入 x 是连续随机变量，则用积分替代总和。对于任何 $P_r(x)$，求使表达式（12.2）最小化的 $F(x)$。若 $F(x)$微分等于 0，则对任何 $P_r(x)$均有如下等式成立：

$$\sum_{x} P_r(x)\{P_r(+1 \mid x)\ell'[F(x)] - P_r(-1 \mid x)\ell'[-F(x)]\} = 0$$

如果函数 $\rho(z)$ 为 $\rho(z)=\ell'(-z)/\ell'(z)$ ，那么由极值条件得到如下公式：

$$\rho[F(x)] = \frac{\ell'[-F(x)]}{\ell'[F(x)]} = \frac{P_r(+1 \mid x)}{P_r(-1 \mid x)}$$

因此，我们可以得到下式：

$$P_{\mathrm{r}}(+1\,|\,x)=\frac{\rho[F(x)]}{1+\rho[F(x)]}$$

例如，对于 AdaBoost，有 $P_{\mathrm{r}}(+1\,|\,x)=1/[1+\mathrm{e}^{-2F(x)}]$；对于 LogitBoost 或者 XGBoost，则有 $P_{\mathrm{r}}(+1\,|\,x)=1/[1+\mathrm{e}^{-F(x)}]$。如此，即可看到 $F(x)$ 和标签的条件概率 $P_{\mathrm{r}}(1\,|\,x)$ 的对应关系。

在 XGBoost 中，使用 predict_proba 可以得到每个标签的（条件）概率的估计。作为到目前代码的延续，下面计算概率的估计值，学习的结果存储在 xg 中。

```
>>> # 在预测点的各个标签的条件概率
>>> xg.predict_proba(tx)
array([[0.85313004, 0.14686994],
       [0.86708879, 0.13291118],
       [0.80624402, 0.19375601],
       ...,
       [0.41780961, 0.58219039],
       [0.33192444, 0.66807556],
       [0.14423513, 0.85576487]], dtype=float32)
```

二维数组的每一行代表标签的概率，因此每行的值的总和为 1。

第 13 章

高斯过程模型

高斯过程模型是一种贝叶斯估计，但它没有明确给出参数空间中的先验分布，而是直接处理回归函数输出的分布。该基本思想在诸如支持向量机等使用核函数的学习方法中非常常见。作为高斯过程模型的一个应用，本章解释说明贝叶斯优化应用于深度学习中神经网络的模型参数设置问题。

本章参考文献有[24]、[25]等。如果在网络上进行搜索，将得到大量有关贝叶斯优化的信息。

为了执行本章中的程序，需要加载以下软件包，尤其是本章中将使用 sklearn 的 gaussian_process 模块。

```
>>> import numpy as np
>>> import matplotlib.pyplot as plt
>>> import sklearn.gaussian_process as gp
```

13.1 贝叶斯估计和高斯过程模型

高斯过程模型是贝叶斯估计（参见6.5节）的一种。但是，统计模型上并没有明确给出先验分布和后验分布，而是间接给出作为函数值在样本空间中的分布。

作为一个简单的示例，我们从单回归的贝叶斯估计推导出一个高斯过程模型。设有如下线性回归模型：

$$y = \theta x + \varepsilon \ (\theta, x \in R) \tag{13.1}$$

假设对于每一次观测，误差 ε 均相互独立地遵循正态分布 $N(0,\sigma^2)$。将参数 θ 的先验分布设为正态分布 $N(0,1)$：

$$\theta \sim N(0,1)$$

此时，输出 y 在 x 点的期望值为 $E[y]=0$，方差为 $V[y]=\sigma^2+x^2$。由于正态分布的性质，下式成立：

$$y \sim N(0, \sigma^2 + x^2)$$

将此视作输出 y 在 x 点的先验分布。此外，计算 (y, y') 的联合分布，其中 y' 是 x' 处的输出。协方差 $\mathrm{Cov}(y, y')$ 如下：

$$\begin{aligned}\mathrm{Cov}(y, y') &= \mathbb{E}[(\theta x + \varepsilon)(\theta x' + \varepsilon')] \\ &= xx' \ \mathbb{E}[\theta^2] + \mathbb{E}[\theta x \varepsilon' + \theta x' \varepsilon] + \mathbb{E}[\varepsilon \varepsilon'] \\ &= xx' + \sigma^2 I[x = x']\end{aligned}$$

所以 (y, y') 的先验分布如下：

$$\begin{pmatrix} y \\ y' \end{pmatrix} \sim N_2\left[\begin{pmatrix} 0 \\ 0 \end{pmatrix}, \begin{pmatrix} x^2 & xx' \\ xx' & x'^2 \end{pmatrix} + \sigma^2 \begin{pmatrix} 1 & I[x = x'] \\ I[x = x'] & 1 \end{pmatrix}\right]$$

三个或三个以上输入点的输出值的分布可以同上计算。设点 $x_1, \cdots, x_n \in R$ 的输出分别为 $y_1, \cdots, y_n$，计算 $y = (y_1, \cdots, y_n)$ 的联合分布。如果函数 $k(x, x')$ 定义如下：

$$k(x, x') = xx' + \sigma^2 I[x = x'] \tag{13.2}$$

则与上述的 (y, y') 同样，Y 服从 n 维正态分布：

$$y \sim N_n(0, \boldsymbol{K})$$

式中，$\boldsymbol{K}$ 为由 $K_{ij} = k(x_i, x_j)$ 定义的 $n \times n$ 阶矩阵。

由于函数 $k(x, x')$ 满足核函数的性质（对称性、非负定性），因此 K 即为核回归分析中的格拉姆（Gram）矩阵（8.5节）。

当给定数据 $D=\{(x_1,y_1),\cdots,(x_n,y_n)\}$ 时，计算 y 在 x 点的分布。令向量 $\boldsymbol{y}_{\text{ob}}$、$\tilde{\boldsymbol{y}}$ 表示如下：

$$\boldsymbol{y}_{\text{ob}}=(y_1,\cdots,y_n)^{\mathrm{T}}\in\mathbb{R}^n$$
$$\tilde{\boldsymbol{y}}=(y,y_1,\cdots,y_n)^{\mathrm{T}}=(y,\boldsymbol{y}_{\text{ob}}^{\mathrm{T}})^{\mathrm{T}}\in\mathbb{R}^{n+1}$$

并设置 $\tilde{y}$ 的先验分布如下：

$$\tilde{\boldsymbol{y}}\sim N_{n+1}(\boldsymbol{0},\tilde{K}),\quad \tilde{K}=\begin{pmatrix}k(x,x) & \boldsymbol{k}(x)^{\mathrm{T}}\\ \boldsymbol{k}(x) & K_{\text{ob}}\end{pmatrix}$$

其中，令

$$\boldsymbol{k}(x)=[k(x,x_1),\cdots,k(x,x_n)]^{\mathrm{T}},\ (K_{\text{ob}})_{ij}=k(x_i,x_j)$$

当给定观测数据 $\boldsymbol{y}_{\text{ob}}$ 时，可以将 y 的分布作为基于 $\boldsymbol{y}_{\text{ob}}$ 的条件分布来计算。使用多变量正态分布的条件分布公式，则有下式成立①：

$$y\sim N[\boldsymbol{k}(x)^{\mathrm{T}}K_{\text{ob}}^{-1}\boldsymbol{y}_{\text{ob}},k(x,x)-\boldsymbol{k}(x)^{\mathrm{T}}K_{\text{ob}}^{-1}\boldsymbol{k}(x)]$$

可以在不明确使用参数 θ 的先验分布的情况下，计算输出 y 的后验分布。下面用 Python 重现上面的计算过程，结果如图 13.1 所示。

```
>>> # 定义核函数 k(x,x')
>>> def GPk(xv,zv,sd=1):
...     return(np.outer(xv,zv) + sd**2 * np.equal.outer(xv,zv))
>>> n, sd = 30, 0.5                                    # 设置
>>> theta = 1                                          # 回归系数

>>> # 生成数据
>>> X = np.random.normal(scale=3,size=n)
>>> Yob = np.dot(X,theta) + np.random.normal(scale=sd,size=n)
>>> newx = np.linspace(X.min(),X.max(),100)      # 预测点

>>> # 核函数的计算
>>> Kob = GPk(X,X,sd=sd)
>>> kx = GPk(newx,X,sd=sd)
>>> knewx = GPk(newx,newx,sd=sd)

>>> # 根据高斯过程预测回归函数
>>> GPf = np.dot(kx, np.linalg.solve(Kob,Yob))
>>> GPv = np.maximum(np.diag(knewx- np.dot(kx,
```

① 当数据点 $x_i,\cdots,x_n$ 均不同时，可以确认由表达式（13.2）确定的 Gram 矩阵 K_{ob} 具有逆矩阵。

```
...                  np.linalg.solve(Kob,kx.T))),0)

>>> # 绘图
>>> plt.xlim(X.min(),X.max())
>>> plt.scatter(X,Yob)                       # 数据点
>>> plt.plot(newx, GPf, 'k-', lw=2)         # 估计的回归函数. 'k-' 为实线

>>> # 置信区间
>>> plt.plot(newx, GPf+np.sqrt(GPv), 'k--', lw=1)    # 'k--' 为虚线
>>> plt.plot(newx, GPf-np.sqrt(GPv), 'k--', lw=1)
>>> plt.show()
```

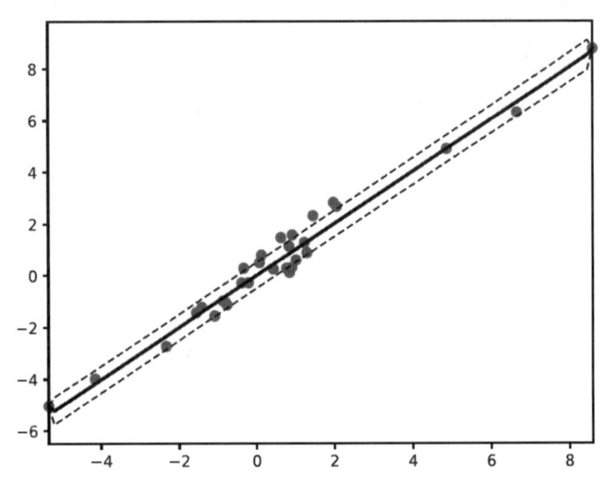

图 13.1　回归函数估计结果（根据高斯过程模型的方差计算置信区间）

13.2 基于高斯过程模型的回归分析

当利用高斯过程模型进行回归分析时，将 $y \in R^n$ 的先验分布设置为多变量正态分布。其中，作为用于确定方差-协方差矩阵的函数，不仅应用了表达式（13.2），而且还应用了一般的核函数。由多变量正态分布导出的分布进行各种预测，虽然不能明示假设的统计模型和先验分布，但可进行预测计算。类似的方法可以用于核回归分析和支持向量机。

假设给定数据 $D=\{(x_1,y_1),\cdots,(x_n,y_n)\}$。其中，为了使 $y_1,\cdots,y_n$ 的样本均值为 0，减去原始样本均值。y 在 x 点的预测值分布，如上一节所述，对

于 $y_{ob}=(y_1,\cdots,y_n)^T$，有如下表达式：

$$y\,|\,\boldsymbol{x}\sim N[\boldsymbol{k}(\boldsymbol{x})^T K_{ob}^{-1}\boldsymbol{y}_{ob}, k(\boldsymbol{x},\boldsymbol{x})-\boldsymbol{k}(\boldsymbol{x})^T K_{ob}^{-1}\boldsymbol{k}(\boldsymbol{x})] \tag{13.3}$$

式中：

$$k(x)=[k(x,x_1),\cdots,k(x,x_n)]^T$$

还可以由该分布给出回归函数的置信区间。当核函数包含高斯核函数的核带宽等参数时，可以通过交叉验证法等方式确定。

这里如果将数据点 x_i 取为 x，则依据高斯过程模型，$f(x_i)$ 的估计值如下所示。

平均值：

$$\boldsymbol{k}(\boldsymbol{x}_i)^T K_{ob}^{-1}\boldsymbol{y}_{ob}=(0,\cdots,0,1,0,\cdots,0)\boldsymbol{y}_{ob}=y_i$$

方差：

$$\begin{aligned}&k(\boldsymbol{x}_i,\boldsymbol{x}_i)-\boldsymbol{k}(\boldsymbol{x}_i)^T K_{ob}^{-1}\boldsymbol{k}(\boldsymbol{x}_i)\\&=k(\boldsymbol{x}_i,\boldsymbol{x}_i)-(0,\cdots,0,1,0,\cdots,0)\boldsymbol{k}(\boldsymbol{x}_i)\\&=k(\boldsymbol{x}_i,\boldsymbol{x}_i)-k(\boldsymbol{x}_i,\boldsymbol{x}_i)=0\end{aligned}$$

因此估计值与观测值相一致，这一点有必要引起注意。图 13.1 显示了与数据点不同的预测点的函数的预测值和置信区间。

通过使用 sklearn.gaussian_process 模块的 GaussianProcessRegressor，可以进行高斯过程模型的回归分析，此时使用的核函数由 sklearn.gaussian.kernels 提供。使用高斯核函数时，使用 RBF。此外，表达式（13.2）中的 $I[x=x']$ 称为白核，由 WhiteKernel 设置。

```
>>> # 生成训练数据
>>> n, sd = 100, 1                                      # 设置
>>> theta = 1                                           # 回归系数
>>> X = np.random.normal(scale=3, size=n).reshape(n,-1)
>>> Yob = np.dot(X,theta)\
...      + np.random.normal(scale=sd,size=n).reshape(n,-1)

>>> # 核函数的定义：高斯核函数+白核
>>> kk = gp.kernels.RBF() + gp.kernels.WhiteKernel()
>>> gpm = gp.GaussianProcessRegressor(kernel=kk)
>>> gpm.fit(X, Yob)                                     # 数据拟合
>>> newx = np.linspace(-7,7,100).reshape(100,-1) # 预测点
>>> # 预测值与方差-协方差矩阵
```

```
>>> GPf, GPv = gpm.predict(newx, return_cov=True)
>>> GPsd = np.sqrt(np.diag(GPv))                        # 预测值的标准偏差

>>> # 绘图
>>> plt.xlim(-7,7)
>>> plt.scatter(X,Yob)
>>> plt.plot(newx, GPf,'k-', lw=2)
>>> plt.plot(newx, GPf+GPsd,'k--', lw=1)
>>> plt.plot(newx, GPf-GPsd,'k--', lw=1)
>>> plt.show()
```

绘图，结果如图 13.2 所示。

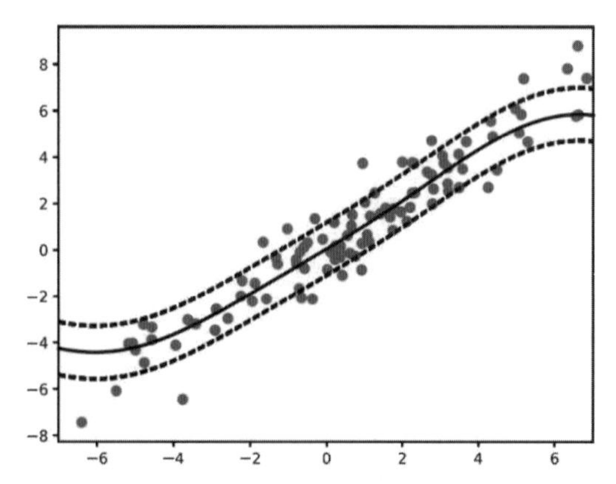

图 13.2　由高斯核函数和白核之和决定的高斯过程模型的回归函数估计

13.3 高斯过程模型的分类分析

高斯过程模型也可以应用于分类分析问题。设标签为二值的 $(y\in\{+1,-1\}$，为了便于说明，首先假设参数模型如下：

$$P_r(y\mid x;w)=\tau(yx^{\mathrm{T}}w)$$

式中，$\tau(z)$ 是一个从 $z\in R$ 到区间 $(0,\ 1)$ 的单调递增函数，满足 $\tau(z)+\tau(-z)=1$。

例如，使用 Sigmoid 函数 $1/(1+\mathrm{e}^{-z})$ 或者标准正态分布 $N(0,1)$ 的分布函数 $\varPhi(z)$（见图 13.3）。当根据概率值 $P_r(y\mid x;w)$ 是否大于 1/2 来预测标签时，由于函数 $\tau(z)$ 的性质，当 $x^{\mathrm{T}}w\geqslant 0$，则 $y=+1$；当 $x^{\mathrm{T}}w<0$，则 $y=-1$。

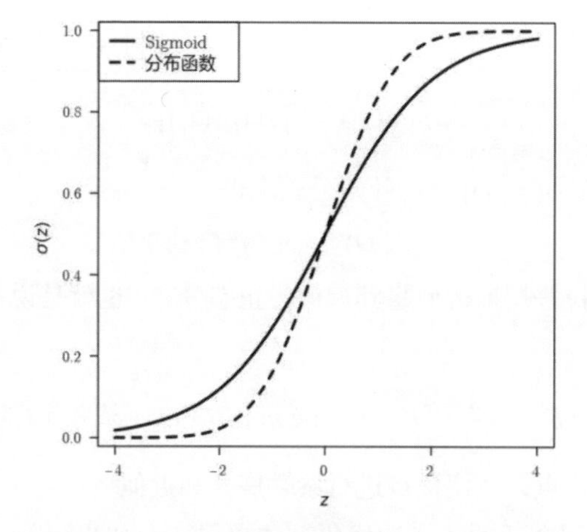

图 13.3 Sigmoid 函数和标准正态分布的分布函数

（当 z 适当缩放时，两者具有几乎相同的值）

设 $p(w)$是参数 w 的先验分布，当观察到数据

$$D=\{(x_1,y_1),\cdots,(x_n,y_n)\}\subset\mathbb{R}^d\times\{+1,-1\}$$

时，参数 w 的后验分布 $p(w|D)$为 w 的函数，满足如下表达式：

$$p(w\mid D)\propto p(w)\prod_{i=1}^{n}\tau(y_i x_i^{\mathrm{T}}w)$$

标签 y 在 x 点的预测分布可以表示如下：

$$P_{\mathrm{r}}(y\mid x;D)=\int\tau(yx^{\mathrm{T}}w)p(w\mid D)\mathrm{d}w$$

13.3.1 后验分布的近似

当先验分布和观测误差服从正态分布时，回归分析能够准确计算后验分布。在分类的情况下，由于不能以相同的方式进行计算，因此考虑进行适当的近似来求出后验分布。

下面介绍一种用通用函数 $f(x)$替代 $x^{\mathrm{T}}w$，求对于 $f(x)$的先验分布和后验分布的计算方法。假设标签 y 在点 x 的概率由如下公式给出：

$$P_{\mathrm{r}}(y\mid x,f)=\tau[yf(x)]$$

定义一个合适的核函数 $k(x,x')$，并令 K 为点 $x_1,\cdots,x_n$ 上的格拉姆(Gram ）矩阵。假设函数值 $f=[f(x_1),\cdots,f(x_n)]^{\mathrm{T}}$ 的先验分布为

$$f\sim N_n(0,K)$$

对于标签的观测值 $y=(y_1,\cdots,y_n)$，如果有如下表达式成立：

$$p(y\mid f)=\prod_{i=1}^{n}\tau[y_i f(x_i)]$$

则 f 的后验分布 $p(f\mid D)$ 由贝叶斯公式求得，公式如下：

$$p(f\mid D)\propto p(f)p(y\mid f)$$

以上我们使用拉普拉斯近似将其近似为正态分布。也就是说，令 $f=\tilde{f}$ 是后验分布的对数

$$\log p(f\mid D)=-\frac{1}{2}f^{\mathrm{T}}K^{-1}f+\log p(y\mid f)+(\text{不依赖于}f\text{的常量})$$

的最大值的达成点，围绕该点进行泰勒展开和近似。

首先，使用合适的非线性优化方法求得 $\tilde{f}$。如果矩阵 $\boldsymbol{W}$ 是 Hessian 矩阵：

$$\boldsymbol{W}=-\nabla\nabla\log p(y\mid\tilde{f})$$

则有

$$\nabla\nabla\log p(\tilde{f}\mid D)=-K^{-1}-\boldsymbol{W}$$

因此：

$$\log p(f\mid D)=-\frac{1}{2}(f-\tilde{f})^{\mathrm{T}}(\boldsymbol{W}+K^{-1})(f-\tilde{f})+(\text{其他项})$$

成立。统计模型 $p(y\mid f)$ 用 $\tau[y_i f(x_i)]$ 的乘积表示，所以矩阵 $\boldsymbol{W}$ 是对角矩阵。最终，后验分布 $p(f\mid D)$ 可以近似为如下正态分布：

$$N_n(\tilde{f},(W+K^{-1})^{-1})$$

13.3.2 预测分布的近似

与回归类似，方差-协方差矩阵有一个 Gram 矩阵，由要预测函数值的点 x 和数据点 $x_1,\cdots,x_n$ 决定，其 n+1 维正态分布 $N_{n+1}(0,\tilde{K})$ 设为 $(f(x),f(x_1),\cdots,f(x_n))$ 的先验分布。其中：

$$\tilde{K}=\begin{pmatrix}k(x,x) & k(x)^{\mathrm{T}}\\ k(x) & K_{\mathrm{ob}}\end{pmatrix}$$

此时，在 $\overline{f}=[f(x_1),\cdots,f(x_n)]$ 的条件下，$f(x)$ 的分布为下式。

$$f(x) \sim N[k(x)^{\mathrm{T}} K_{\mathrm{ob}}^{-1} \bar{f}, k(x,x) - k(x)^{\mathrm{T}} K_{\mathrm{ob}}^{-1} k(x)^{\mathrm{T}}] \quad (13.4)$$

另外，当给定数据为 $D=\{(x_1,y_1),\cdots,(x_n,y_n)\}$ 时，$\bar{f}$ 的后验分布由 13.3.1 节的计算可以近似如下：

$$\bar{f} \sim N_n[\tilde{f}, (W+K_{\mathrm{ob}}^{-1})-1]$$

式中，$\tilde{f}$ 为使 $\frac{1}{2} f K_{\mathrm{ob}}^{-1} f + \log p(y \mid f)$ 最大的 f。

因此，$f(x)$的后验分布可以通过 $\bar{f}$ 的分布表达式（13.4）的分布的期待值获取。由此可以看出，$f(x)$的分布服从以下表达式给出的期望值和方差-协方差矩阵的正态分布[①]。

$$\mathbb{E}[f(x)] = k(x)^{\mathrm{T}} K_{\mathrm{ob}}^{-1} \tilde{f} \quad (13.5)$$

$$\begin{aligned} \mathbb{V}[f(x)] &= k(x)^{\mathrm{T}} K_{\mathrm{ob}}^{-1} (W + K_{\mathrm{ob}}^{-1})^{-1} K_{\mathrm{ob}}^{-1} k(x) \\ &\quad + k(x,x) - k(x)^{\mathrm{T}} K_{\mathrm{ob}}^{-1} k(x) \\ &= k(x,x) - k(x)^{\mathrm{T}} (K_{\mathrm{ob}} + W^{-1})^{-1} k(x) \end{aligned} \quad (13.6)$$

接着，计算 y 的预测分布。令统计模型 $P_{\mathrm{r}}(y \mid x, f) = \tau[yf(x)]$ 的函数 $\tau(z)$ 为以下误差函数：

$$\tau(z) = \frac{1}{\sqrt{2\pi}} \int_{-\infty}^{z} \mathrm{e}^{-t^2/2} \mathrm{d}t$$

$f(x)$的后验分布表示为 $N(\bar{f}, \lambda^2)$。其中，$\bar{f}$ 和 λ^2 分别由表达式（13.5）和（13.6）确定。使用分部积分可以得到下式成立（参见参考文献[26]的 4.5 节）：

$$P_{\mathrm{r}}(y \mid x, D) = \mathbb{E}_{f \sim N(\bar{f}, \lambda^2)}[\tau(yf)] = \tau\left[\frac{y\bar{f}}{\sqrt{1+\lambda^2}}\right]$$

误差函数和 Sigmoid 函数如图 13.3 所示，当进行适当的缩放时，函数的形状几乎是相同的。因此，即使 $\tau(z)$ 是 Sigmoid 函数，在数值上也可以得到几乎相同的值。

以下展示了 Python 计算的示例。使用附录中介绍的 mlbench.spirals 生成数据，使用高斯核函数学习高斯过程模型，使用 sklearn.gaussian_process 模块的 GaussianProcessClassifier 进行分类。预测点的标签预测由 predict 给出，条件概率由 predict_proba 给出。

---

① 一般来说，对于正则矩阵 $\boldsymbol{K}$、$\boldsymbol{W}$，如果 $\boldsymbol{W}+\boldsymbol{K}^{-1}$ 为正则，则 $\boldsymbol{K}^{-1}-\boldsymbol{K}^{-1}(\boldsymbol{W}+\boldsymbol{K}^{-1})^{-1}\boldsymbol{K}^{-1}=(\boldsymbol{K}+\boldsymbol{W}^{-1})^{-1}$ 成立。

```
>>> from common import mlbench as ml          # 使用 mlbench.spirals
>>> X,y = ml.spirals(200,cycles=1.2,sd=0.16)  # 生成数据

>>> # 核函数的定义：高斯核函数+白核
>>> kk = gp.kernels.RBF()+gp.kernels.WhiteKernel()
>>> gpm = gp.GaussianProcessClassifier(kernel=kk)
>>> gpm.fit(X,y)                              # 数据拟合
>>> m = 100; newx = np.linspace(-1.2,1.2,m) # 预测点的生成
>>> newdat = np.array([(y, x) for x in newx for y in newx])
>>> GPpred = gpm.predict(newdat)              # 预测标签

>>> # 绘图
>>> ext=(-1.2,1.2,-1.2,1.2)
>>> plt.imshow(GPpred.reshape(m,-1)[::-1],cmap='gray',extent=ext)
>>> plt.show()
```

结果如图 13.4 所示。可以确认获得反映训练数据的结果作为概率的估计值。

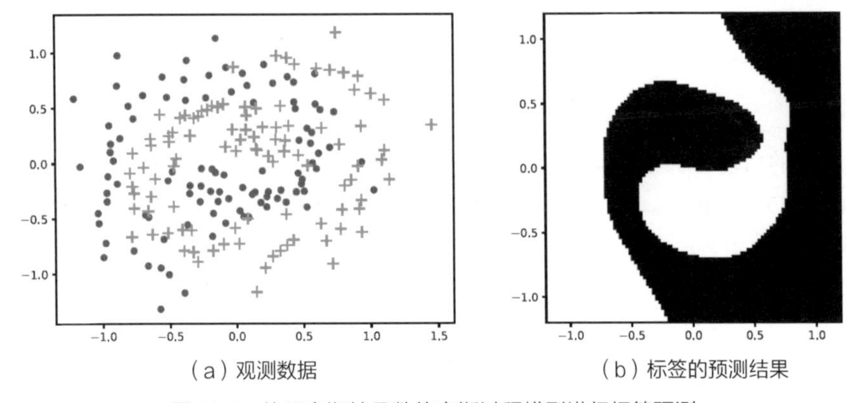

（a）观测数据　　（b）标签的预测结果

图 13.4　使用高斯核函数的高斯过程模型进行标签预测

13.4 贝叶斯优化

贝叶斯优化是一种在点 x 处依次观察 $f(x)$ 的值并在估计函数 f 形状的同时对其进行优化的方法。考虑以下问题：

$$\min_{x \in R^d} f(x)$$

假设这样一种情况，即计算函数值 $f(x)$需要很长时间。在求解这样的优化问题时，需要尽可能减少对函数值的评估次数。

例如，在使用大规模统计模型的深度学习中，考虑决定正则化参数等模型参数的问题。作为函数 $f(x)$，经常使用到模型参数 x 时的验证误差。为了计算验证误差，需要多次执行学习算法，计算成本往往会很高。当模型参数为二维或三维时，通常使用网格搜索；但当维数高于此值时，贝叶斯优化则较为有效。

13.4.1 贝叶斯优化和高斯过程模型

高斯过程模型可用于估计函数的形状，这是因为函数值的估计准确度可以很容易地从后验概率中估计出来，就如同估计回归函数。为了使优化顺利进行，在估计函数的形状和搜索最佳点之间取得平衡是非常重要的。此时，函数值的方差信息就很有用了。

下面介绍**采集函数**（acquisition function），该方法是在分析开采金矿问题时开发的，是关于平衡函数的估计和搜索最佳点的计算方法。假设关于数据点 x_i 有函数值 y_i 的数据组合 $(x_1,y_1),\cdots,(x_n,y_n)$，其中 $y_i=f(x_i)(i=1,\cdots,n)$。考虑获得数据点上的最小值

$$\hat{f}=\min_i y_i$$

以及与其相对应的点 $\hat{x}$（到该点的最优解）的情况，假设由高斯过程模型给出了在任意点 x 处的 $f(x)$的估计值 $\mu(x)$ 及其方差 $v(x)$。具体来说，它是表达式（13.3）的期望值和方差。从高斯过程模型的估计方法的特点来看，$\mu(x_i)=y_i(i=1,\cdots,n)$ 成立。

这里，增益期望（Expected Improvement，EI）$a_{\mathrm{EI}}(x)$ 的定义如下：

$$\begin{aligned}\alpha_{\mathrm{EI}}(x)&=\mathbb{E}_{Z\sim N[\mu(x),v(x)]}[\max\{0,\hat{f}-f(Z)\}]\\&=[\hat{f}-\mu(x)]\Phi[\hat{f};\mu(x),v(x)]+v(x)\phi[\hat{f};\mu(x),v(x)]\end{aligned}\quad(13.7)$$

函数 $\Phi(f;\mu,v)$是期望值为 μ,方差为 v 的正态分布的分布函数在 f 处的值。此外，$\Phi(f;\mu,v)$ 表示 f 处相应的概率密度函数的值。在使用增益期望的贝叶斯优化中，找到使 $a_{\mathrm{EI}}(x)$ 最大化的 x，并观测该点 $f(x)$的值。增益期望是采集函数的一个示例。此外，能够改善概率的改善概率（Probability of Improvement，PI）和置信上限（Upper Confidence Bound，UCB）也可用作采集函数。UCB 采集函数由下式

$$a_{\mathrm{UCB}}(x)=\mu(x)-\kappa\sqrt{v(x)} \tag{13.8}$$

给出并最小化。其中，$\kappa>0$，为估计不确定性的权重，设置为适当的值，相当于选择置信区间下限最小的点。UCB 最初是为了最大化问题而提出的，所以称为“上限”，但注意在本节中，其表示“下限”。这些采集函数的前提条件是它们比函数 $f(x)$ 更容易计算。

贝叶斯优化过程如图 13.5 所示。

■ 贝叶斯优化

初始设置：确定迭代次数 T、高斯过程模型的核函数、采集函数 $a(x)$、函数求值的初始点 x_1。

迭代：$t=1,\cdots,T$，重复步骤 1～步骤 4。

步骤 1　获取关于 x_t 的函数值的估计值 y_t。

步骤 2　找到与前面最佳值 $\hat{f}=\min\limits_{t'=1,\cdots,t} y_{t'}$ 对应的最优解 $x_{\mathrm{opt}}\in\{x_1,\cdots,x_t\}$。

步骤 3　生成采集函数 $a(x)$。

步骤 4　令 x_{t+1} 为达到 $a(x)$ 最优值的解。

输出：贝叶斯优化的解达到最佳值 $\hat{f}$ 的数据点 x_{opt}。

图 13.5　贝叶斯优化过程

13.4.2　贝叶斯优化选择模型

可以使用贝叶斯优化调整各种学习算法的模型参数。在 Python 中，可使用 skopt 的 gp_minimize 进行贝叶斯优化。下面是一个通过贝叶斯优化调整支持向量机模型参数的示例。首先，生成数据。

```
>>> from sklearn.svm import SVC
>>> from skopt import gp_minimize
>>> from common import mlbench as ml
>>> X,y = ml.spirals(200,cycles=1,sd=0.1,label=[0,1])     # 生成数据
```

接下来，定义一个函数计算该数据的验证误差。

```
>>> # 定义目标函数
>>> def svmcv(par):
...     logC, logsig = par
...     sv = SVC(kernel="rbf", gamma=10**logsig, C=10**logC)
...     cv = cross_validate(sv,X,y,scoring='accuracy',cv=5)
```

```
...     return(1-np.mean(cv['test_score']))
```

logC 和 logsig 分别是正则化参数 C 的对数（以 10 为底）和核带宽的对数，设置其搜索范围。

```
>>> # 由数据确定核带宽的搜索范围
>>> from scipy.spatial import distance          # distance 的计算
>>> cg = np.log10(1/np.percentile(distance.pdist(X),[1,99])**2)
>>> space = [(-5.,5.), (cg[1],cg[0])]
```

使用 gp_minimize 的选项 acq_func 设置采集函数。如果 acq_func = "LCB"，则得到式（13.8）的 UCB①；如果 acq_func = "EI"，则为增益期望。下面将采集函数设置为 LCB 并执行。

```
>>> x0 = [0., np.mean(cg)]
>>> op = gp_minimize(svmcv, space, x0=x0, acq_func="LCB", n_calls=100)
>>> optC,optsig = 10**np.array(op.x)
```

如果将 gp_minimum 的 verbose 选项设置为 True，则显示计算过程。

```
>>> op = gp_minimize(svmcv,space,x0=x0,acq_func="EI",n_calls=100,
...                  verbose=True)
Iteration No: 1 started. Evaluating function at provided point.
Iteration No: 1 ended. Evaluation done at provided point.
Time taken: 0.0127
Function value obtained: 0.3750
Current minimum: 0.3750
Iteration No: 2 started. Evaluating function at random point.
Iteration No: 2 ended. Evaluation done at random point.
Time taken: 0.0123
Function value obtained: 0.3950
Current minimum: 0.3750
Iteration No: 3 started. Evaluating function at random point.
Iteration No: 3 ended. Evaluation done at random point.
Time taken: 0.0286
（省略）

>>> op.x
[4.5852597417944345, -0.53608596507180617]
>>> optC,optsig = 10**np.array(op.x)
>>> optC,optsig
(38482.1866566483, 0.29101410222293095)
```

① 由于 gp_minimum 使函数最小化，因此选项为 LCB（lower condence bound，置信度下限）。

对于搜索范围内的参数，得到 logC=4.585 和 logsig=-0.536。贝叶斯优化过程可以用 skopt.plots 中的 plot_convergence 绘制。

```
>>> from skopt.plots import plot_convergence
>>> plot_convergence(op)
>>> plt.show()
```

结果如图 13.6 所示。

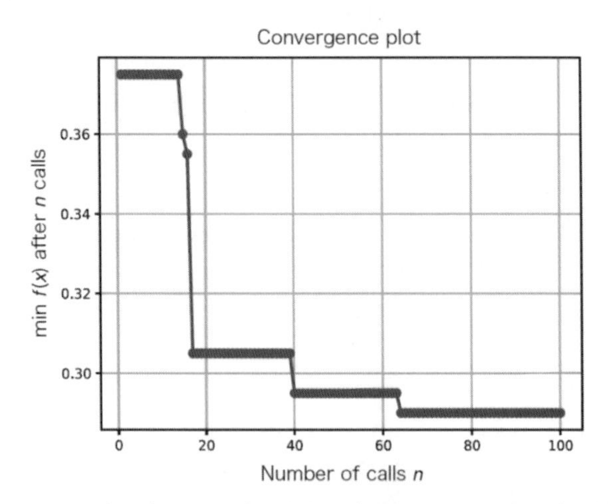

图 13.6　贝叶斯优化中目标函数值的绘图（横轴是贝叶斯优化步骤的数量）

第 14 章

密度比估计

密度比是定义为两个概率密度函数之比的函数。在统计学和机器学习的各种问题中，可以通过估计密度比做出适当的推断。本章介绍近年来发展起来的密度比估计方法，参考文献包括[27]和[28]。

为了执行本章中的程序，需要加载以下软件包和模块。

```
>>> import numpy as np
>>> import matplotlib.pyplot as plt
>>> import statsmodels.api as sm
>>> from scipy.stats import norm
```

14.1 密度比及其应用

密度比是指两个概率密度函数 $p_{\mathrm{d}}(x)$和 $p_{\mathrm{n}}(x)$之比。

$$w_0(x) = \frac{p_{\mathrm{n}}(x)}{p_{\mathrm{d}}(x)}$$

设分母的概率密度为 $p_{\mathrm{d}}(x)$，分子的概率密度为 $p_{\mathrm{n}}(x)$，下标 d 和 n 分别表示分母（denominator）和分子（numerator）。图 14.1 显示了一个示例。

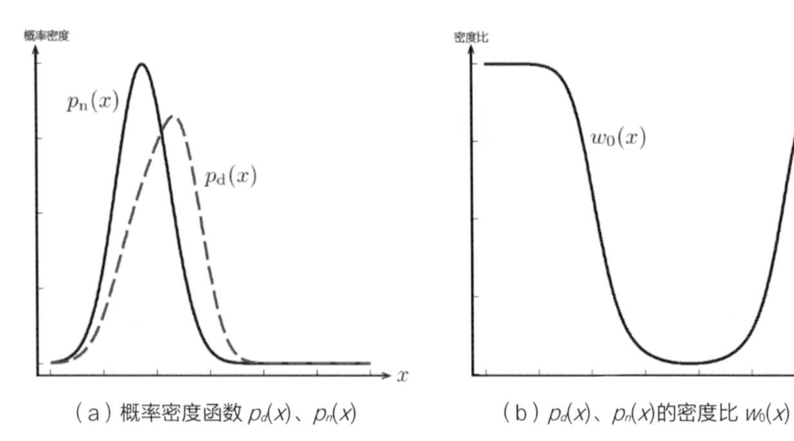

（a）概率密度函数 $p_d(x)$、$p_n(x)$　　（b）$p_d(x)$、$p_n(x)$的密度比 $w_0(x)$

图 14.1　概率密度与密度比

密度比应用于机器学习和统计推断的各种问题中。例如，密度比在以下问题中起着重要作用。

1）协变量偏移下的回归分析。

2）差异估计：

① L_1距离和 Kullback-Leibler 散度估计：双样本检验中的应用。

② 互信息估计：降维、独立成分分析。

3）异常值检测。

下面解释密度比估计方法，并介绍协变量偏移下的回归分析及其在双样本检验中的应用。

14.2 密度比的估计

假设有以下数据：

$$x_1', \cdots, x_m' \underset{\text{i.i.d.}}{\sim} p_{\text{n}}(x), \quad x_1, \cdots, x_n \underset{\text{i.i.d.}}{\sim} p_{\text{d}}(x)$$

估计 $w_0(x) = p_{\text{n}}(x)/p_{\text{d}}(x)$有两种可能的方法。

1）分别估计 $p_{\text{n}}(x)$和 $p_{\text{d}}(x)$并取比值。

2）直接估计 $p_{\text{n}}(x) / p_{\text{d}}(x)$。

对于第一种方法，可以直接使用现有的概率密度估计方法。根据经验可知，当数据 x 为二维或三维时，密度比可以准确估计；但当维度高于此值时，估计准确度会迅速下降，这是因为概率密度函数的非参数估计在高于三维的维度时将变得不稳定。特别是，如果分母中概率密度 $p_{\text{d}}(x)$的估计变得不稳定，将极大地影响密度比 $w_0(x)$的估计。

与此相对的，第二种方法，即直接估计密度比方法，即使在数据维度高到一定程度时也能进行稳定的估计。本节将介绍这种方法。

在密度比估计中最小化平方损失。函数 $w(x)$与密度比 $p_{\text{n}}(x) / p_{\text{d}}(x)$之间的平方误差定义如下：

$$\frac{1}{2}\int\left[w(x) - \frac{p_{\text{n}}(x)}{p_{\text{d}}(x)}\right]^2 p_{\text{d}}(x)\text{d}x$$

设密度比为 $w = w_0 = p_{\text{n}} / p_{\text{d}}$，则上式取最小值为 0。展开平方，则得到下式：

$$\frac{1}{2}\int w(x)^2 p_{\text{d}}(x)\text{d}x - \int w(x) p_{\text{n}}(x)\text{d}x + (\text{不依赖于}w\text{ 的项}) \qquad (14.1)$$

用数据的样本均值对此进行近似，去除不依赖于 w 的项，将损失函数 loss(w)定义如下：

$$\text{loss}(w) = \frac{1}{2n}\sum_{i=1}^{n} w(x_i)^2 - \frac{1}{m}\sum_{i=1}^{m} w(x_j') \qquad (14.2)$$

密度比 $w_0(x)$是通过将密度比的统计模型代入损失 loss(w)，并最小化模型上的损失 loss(w)来估计的。

下面展示通过核方法估计密度比的方法[29]。令核函数如下：

$$k(x, x') = \phi(x)^{\text{T}}\phi(x'), \quad \phi(x) = [\phi_1(x), \cdots, \phi_D(x)]^{\text{T}}$$

设密度比的统计模型如下：

$$w(x)=\sum_{d}\theta_d\phi_d(x)\quad(\theta_1,\cdots,\theta_D\in\mathbb{R})$$

引入一个正则化项，以避免对数据过拟合。在统计模型中将下式最小化：

$$\text{loss}(w)+\frac{\lambda}{2}\sum_{d=1}^{D}\theta_d^2$$

同时估计密度比。其中，λ 是一个正则化参数，设置为正值。

我们可以看出与核回归分析和核支持向量机类似，密度比 $w(x)$的最优解为 $k(x,x_i)$、$k(x,x_j')(i=1,\cdots,m,j=1,\cdots,n)$ 的线性和。进一步研究最优化条件，最优解可以使用适当的实数 $\alpha_1,\cdots,\alpha_m$ 表示如下：

$$w(x)=\sum_{i=1}^{n}\alpha_i k(x,x_i)+\frac{1}{m\lambda}\sum_{j=1}^{m}k(x,x_j')$$

可以通过将其代入具有正则化项的损失函数并优化参数 $\alpha_1,\cdots,\alpha_n$ 来估计密度比。由关于参数 $\alpha=(\alpha_1,\cdots,\alpha_n)^{\mathrm{T}}$ 的极值条件，可以确认求解以下线性方程即可：

$$(\boldsymbol{K}_{\mathrm{dd}}+n\lambda I_n)\alpha=-\frac{1}{m\lambda}\boldsymbol{K}_{\mathrm{dn}}1_m$$

其中，格拉姆（Gram）矩阵 $\boldsymbol{K}_{\mathrm{dd}}$、$\boldsymbol{K}_{\mathrm{dn}}$ 和向量 1_m 定义如下：

$$(\boldsymbol{K}_{\mathrm{dd}})_{ij}=k(x_i,x_j)\quad(i,j=1,\cdots,n)$$

$$(\boldsymbol{K}_{\mathrm{dn}})_{ij}=k(x_i,x_j')\quad(i=1,\cdots,n;\ j=1,\cdots,m)$$

$$1_m=(1,\cdots,1)^{\mathrm{T}}\in\mathbb{R}^m$$

下面展示一个在 Python 中通过核方法实现密度比估计方法的示例。首先，由数据将估计上述参数 α 的 fit 和计算密度比预测值的函数 predict 结合起来定义类 kernelDensityRatio，并将其保存在文件夹 common 中，文件名为 DensityRatio.py。要输入的数据由观测数×维数的数据矩阵 de（来自 p_{d} 的数据）和 nu（来自 p_{n} 的数据）给出。

```
# using:utf-8
# 保存为 common/DensityRatio.py
import numpy as np
from scipy.spatial import distance
from sklearn.metrics.pairwise import rbf_kernel

class kernelDensityRatio:
    def __init__(self, gamma=None, lam=None):
        self.gamma = gamma                     # 核带宽
```

```
        self.lam = lam                      # 正则化参数

    def fit(self, de, nu):                  # 密度比估计
        if self.gamma is None:
            ma = nu.shape[0] + de.shape[0]
            idx = np.random.choice(ma,round(ma/2))
            self.gamma=(1/np.median(distance.pdist
                                (np.r_[nu,de][idx,:])))**2
        if self.lam is None:
            self.lam = (min(nu.shape[0], de.shape[0]))**(-0.9)
        gamma = self.gamma; lam = self.lam
        n = de.shape[0]
        # 格拉姆（Gram）矩阵的计算
        Kdd = rbf_kernel(de, gamma=gamma)
        Kdn = rbf_kernel(de, nu, gamma=gamma)
        # 系数的估计
        Amat = Kdd + n*lam*np.identity(n)
        bvec = -np.mean(Kdn,1)/lam
        self.alpha = np.linalg.solve(Amat, bvec)
        self.de, self.nu = de, nu
        return self

    def predict(self, x):                   # 预测点 x 处的密度比的值
        Wde = np.dot(rbf_kernel(x, self.de,
                            gamma=self.gamma), self.alpha)
        Wnu = np.mean(rbf_kernel(x, self.nu,
                             gamma=self.gamma),1)/self.lam
        return np.maximum(Wde + Wnu,0)
```

kernelDensityRatio.fit 使用启发式方法，该方法使用数据之间的中值距离估计高斯核函数的核带宽。正则化参数 λ 设置为 $1/\min\{n,m\}^{0.9}$。如果幂（本示例中为 0.9）为 0.5 ~ 1，则保证了密度比估计的理论收敛性（统计一致性），但并不保证由于平方损失引起的密度比估计量的非负性[①]。kernelDensityRatio.predict 进行了修正，以确保返回值为非负。

用下列一维数据估计密度比：

$x'_1,\cdots,x'_{100} \sim p_{\rm n}$：正态分布 $N(-0.5,1)$。

$x_1,\cdots,x_{200} \sim p_{\rm d}$：混合正态分布 $\frac{1}{2}N(-0.5,1)+\frac{1}{2}N(1,0.8)$。

① 如果数据量足够，可以保证在高概率下收敛至密度比。

首先，计算并绘制真实的密度比。

```
>>> # 设置数据
>>> n, m = 100, 200
>>> nu_mean, nu_sd = -0.5, 1
>>> a_mean, a_sd = 1, 0.8
>>> newdat = np.linspace(-4,4,500).reshape(500,1)     # 预测点
>>> tnu = norm.pdf(newdat, nu_mean, nu_sd)            # 概率密度的计算
>>> tde = (norm.pdf(newdat, a_mean, a_sd)+tnu)/2
>>> tw = tnu/tde                                  # 预测点上真实的密度比
```

接下来，生成数据并估计密度比。

```
>>> # 生成数据
>>> nu = np.random.normal(loc=nu_mean,scale=nu_sd,size=n).reshape(n,1)
>>> ma = np.random.binomial(m,0.5); mb = m-ma
>>> de = np.r_[np.random.normal(loc=nu_mean,
...               scale=nu_sd,size=ma).reshape(ma,1),
...         np.random.normal(loc=a_mean, scale=a_sd,
...               size=mb).reshape(mb,1)]
```

用几个不同的核带宽估计密度比并绘制结果。为清楚起见，在同一图表上绘制数据点（见图 14.2）。

```
>>> from common.DensityRatio import kernelDensityRatio
>>> plt.plot(newdat,tw,lw=2)                      # 绘制真实的密度比函数

>>> # 绘制数据点
>>> plt.scatter(nu.reshape(n,),np.repeat(0.3,n),marker='.',
...               c='black',s=20)
>>> plt.scatter(de.reshape(m,),np.repeat(0.1,m),marker='x',
...               c='gray',s=20)

>>> # 以下列核带宽进行估计
>>> gammas = np.array([0.01, 0.1, 1])
>>> for g in gammas:
...     dr = kernelDensityRatio(gamma=g)
...     dr.fit(de,nu)                             # 拟合数据
...     drp = dr.predict(newdat)                  # 密度比的预测值
... # 绘图
... plt.plot(newdat,drp, c='red',linestyle='dashed',lw=2)
>>> plt.show()
```

从图 14.2 可以看出，可以通过适当地选择模型参数的核带宽，由数据恰当地估计密度比。

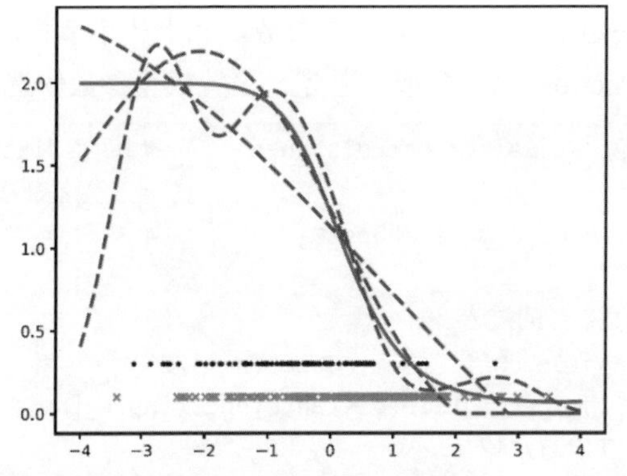

图 14.2　密度比估计结果（实线是真实密度比，三条虚线分别是对三个核带宽估计的密度比，下侧的点来自 p_{n} 和 p_{d}）

14.3 密度比估计的交叉验证法

为了获得良好的估计准确度，正确选择核函数中包含的核参数和正则化参数等模型参数是非常重要的。为此，通常利用交叉验证法。在这里，我们介绍密度比估计的交叉验证法。

在密度比估计中，损失使用 $\mathrm{loss}(w)$，因此使用表达式（14.2）的 $\mathrm{loss}(w)$ 作为评估尺度来执行交叉验证法。由于数据分别由 $p_{\mathrm{d}}(x)$和 $p_{\mathrm{n}}(x)$获得，因此需要将它们分别进行划分。图 14.3 显示了密度比估计的 K 折交叉验证法。通过使用两个数据集的交叉验证法，可以适当地确定密度比的模型参数。

■ 密度比估计的 K 折交叉验证法

步骤 1　将数据 $D_{\mathrm{de}}=\{x_i\}_{i=1}^{n}, D_{\mathrm{nu}}=\{x_j\}_{j=1}^{m}$ 分成大小几乎相同的 K 组，设 $D_{\mathrm{de},\ell}, D_{\mathrm{nu},\ell}(\ell=1,\cdots,K)$。

$$D_{\mathrm{de}}=\bigcup_{\ell=1}^{K} D_{\mathrm{de},\ell},\quad D_{\mathrm{nu}}=\bigcup_{\ell=1}^{K} D_{\mathrm{nu},\ell}$$

步骤 2　在去除 $D_{\mathrm{de},\ell}$、$D_{\mathrm{nu},\ell}$ 的数据中估计密度比 $w_\ell(x)(\ell=1,\cdots,K)$。

步骤 3　使用 $D_{\mathrm{de},\ell}$、$D_{\mathrm{nu},\ell}$ 计算损失 $\mathrm{loss}(w_\ell)$ 的近似值 $\mathrm{loss}_\ell(\ell=1,\cdots,K)$（数据分布的期望值为 $D_{\mathrm{de},\ell}$，替换为 $D_{\mathrm{nu},\ell}$ 的平均）。

步骤 4　损失的估计：$\left(\mathrm{loss}=\dfrac{1}{K}\sum_{\ell=1}^{K}\mathrm{loss}_\ell\right)$。

图 14.3　密度比估计的 K 折交叉验证法

交叉验证法用于选择合适的模型参数。和上述小节相同的设置，假设数据 nu、de 和 newdat 已经生成。首先，设置模型参数候选。

```
>>> from scipy.spatial import distance       # 使用 distance
>>> cvk = 5                                  # 交叉验证法的 K
>>> n, m = nu.shape[0], de.shape[0]          # 数据量

>>> # 生成核带宽参数的候选
>>> idx = np.random.choice(n+m,round((n+m)/2))
>>> gammas = 1/np.percentile(distance.pdist(np.r_[nu,de][idx,:]),
...             [1,99])**2
>>> gammas = np.logspace(np.log10(gammas.min()/100),
...                      np.log10(gammas.max()*100),10)

>>> # 生成正则化参数 lambda 的候选
>>> lams = np.array([(min(n,m))**(-0.9)])

>>> # 模型参数的候选
>>> modelpars = np.array([(x,y) for x in gammas for y in lams])
```

接下来，执行交叉验证法。

```
>>> from common.DensityRatio import kernelDensityRatio

>>> # 分别将数据分为 5 组
>>> inu = np.repeat(np.arange(cvk),np.ceil(n/cvk))
>>> inu = inu[np.random.choice(n,n,replace=False)]
>>> ide = np.repeat(np.arange(cvk),np.ceil(m/cvk))
>>> ide = ide[np.random.choice(m,m,replace=False)]
>>> cvloss = []
>>> for gamma, lam in modelpars:
...     tcvloss = []
...     for k in np.arange(cvk):
...         # 训练数据
...         trnu, trde = nu[inu!=k,:], de[ide!=k,:]
...         # 测试数据
...         tenu, tede = nu[inu==k,:], de[ide==k,:]
...         # 估计指定的模型参数的密度比
...         kdr =kernelDensityRatio(gamma=gamma, lam=lam)
...         kdr.fit(trde, trnu)                        # 估计
...         wde = kdr.predict(tede)                    # 在tede 上预测
...         wnu = kdr.predict(tenu)                    # 在tenu 上预测
...         tcvloss.append(np.mean(wde**2)/2-np.mean(wnu)) # 平方损失
```

```
...     cvloss.append(np.mean(tcvloss))

>>> # 最优模型参数
>>> optgamma,optlam = modelpars[np.argmin(cvloss),:]
```

每个模型参数的验证误差存储在 cvloss 中。图 14.4 显示了 gamma 与验证误差 cvloss 的图。绘图代码如下所示，为了方便查看，横轴为对数刻度。

```
>>> plt.xscale('log'); plt.xlabel('gamma'); plt.ylabel('cv loss')
>>> plt.scatter(gammas, cvloss)
>>> plt.show()
```

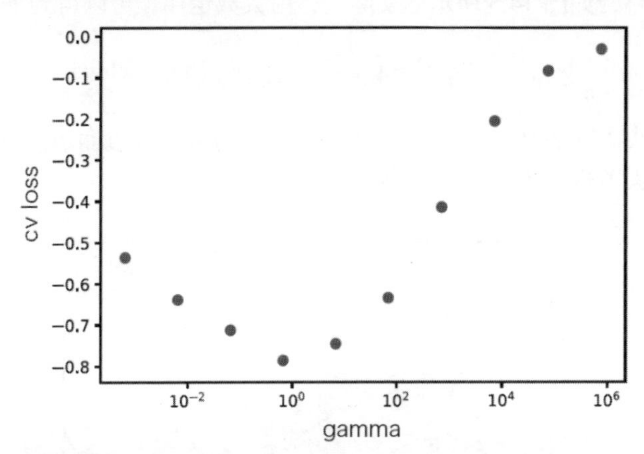

图 14.4　通过交叉验证法选择模型参数（通过内核宽度参数 gamma 的 5 折交叉验证法的密度比损失的估计值的图）

采用使验证误差最小化的模型参数，并利用所有数据估计密度比。

```
>>> kdr =kernelDensityRatio(gamma=optgamma, lam=optlam)
>>> kdr.fit(de,nu)
>>> kdr.predict(newdat)
```

14.4 协变量偏移下的回归分析

本节介绍协变量偏移。考虑关于回归函数的估计问题。假设输入 x 的输出 y 由函数 $f(x)$ 和观测误差 ε 确定，即

$$y=f(x)+\varepsilon$$

这里假设在训练数据和测试数据中输入 x 的分布并不总是一致的，即考虑

以下设置。

训练数据：$(x, y) \sim p(y \mid x) p_{\mathrm{d}}(x)$。

测试数据：$(x, y) \sim p(y \mid x) p_{\mathrm{n}}(x)$。

其中，$p(y \mid x)$ 是给定 x 时的 y 的条件分布，由 ε 的分布和函数 $f(x)$ 决定。条件分布 $p(y \mid x)$ 对训练数据和测试数据是通用的。另外，x 的分布在训练数据中为 $p_{\mathrm{d}}(x)$，在测试数据中为 $p_{\mathrm{n}}(x)$，并且没有假设遵循相同的分布，这种情况称为**协变量偏移**。

当发生协变量偏移时，使用通常的最小二乘法，则估计回归函数会导致估计偏差，如图 14.5 所示。实际上，由大数定律，可以得到下式：

$$\frac{1}{n}\sum_{i=1}^{n}[y_i - f(x_i)]^2 \approx \int [y - f(x)]^2 p(y \mid x) p_{\mathrm{d}}(x) \mathrm{d}y \mathrm{d}x$$

因此，使得上述表达式左边最小化的函数 $f(x)$ 即使在分布 $p(y \mid x) p_{\mathrm{n}}(x)$ 的情况下，误差也并不一定会很小。

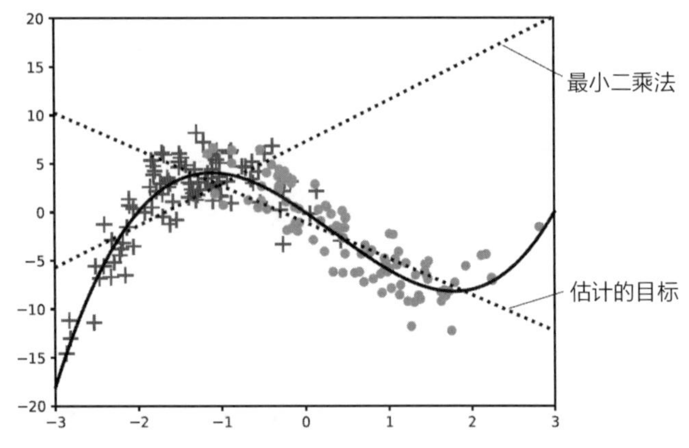

图 14.5　协变量偏移情况下的训练数据和测试数据分布

使用密度比校正偏差。假设已知密度比 $w_0(x) = p_{\mathrm{n}}(x) / p_{\mathrm{d}}(x)$，由大数定律得下式成立：

$$\begin{aligned}\frac{1}{n}\sum_{i=1}^{n} w_0(x_i)[y_i - f(x_i)]^2 &\approx \int \frac{p_{\mathrm{n}}(x)}{p_{\mathrm{d}}(x)}[y - f(x)]^2 p(y \mid x) p_{\mathrm{d}}(x) \mathrm{d}y \mathrm{d}x \\ &= \int [y - f(x)]^2 p(y \mid x) p_{\mathrm{n}}(x) \mathrm{d}y \mathrm{d}x\end{aligned}$$

因此，如果应用权重为 $w_0(x)$ 的加权最小二乘法，则可以在服从分布 $p(y \mid x) p_{\mathrm{n}}(x)$ 的情况下，估计一个误差较小的回归函数。

实际上，估计密度比是很有必要的。假设可以得到观测数据：

$$(x_1, y_1), \cdots, (x_n, y_n) \underset{\text{i.i.d.}}{\sim} p(y \mid x) p_{\text{d}}(x)$$

$$x_1', \cdots, x_m' \underset{\text{i.i.d.}}{\sim} p_{\text{n}}(x)$$

此时，根据图 14.6 所示的算法估计密度比和回归函数。

■ 协变量偏移下的回归分析

步骤 1　由数据 $\{x_i\}_{i=1}^n, \{x_j'\}_{j=1}^m$ 估计密度比。

$$\hat{w}(x) \approx \frac{p_{\text{n}}(x)}{p_{\text{d}}(x)}$$

步骤 2　使用权重 $\hat{w}(x)$，通过加权最小二乘法在设置的统计模型范围内估计回归函数。

$$\min_{f:\text{统计模型}} \frac{1}{n} \sum_{i=1}^n \hat{w}(x_i)[y_i - f(x_i)]^2 \to \hat{f}(x)$$

图 14.6　协变量偏移下的回归分析

下面举一个示例。生成数据如下：

$$\begin{cases} x_1, \cdots, x_n \sim N(-1.4, 0.7^2) \\ y_i = f(x_i) + \varepsilon_i, \varepsilon_i \sim N(0, 2^2) \end{cases} \quad x_1', \cdots, x_m' \sim N(0.8, 0.8^2)$$

设函数如下：

$$f(x) = x(x+2)(x-3)$$

令数据量为 $m = n = 100$。假设关于数据的线性模型如下：

$$y = \theta_0 + \theta_1 x + \varepsilon$$

设置的统计模型不包含真实的回归函数。此时，由于协变量偏移的影响，如图 14.5 所示，通常的最小二乘法无法很好地估计回归函数。因此，使用密度比估计的加权最小二乘法进行估计。首先，生成数据。

```
>>> # 真实的回归函数
>>> def f(x):
...     return (x+2)*(x-3)*x

>>> # 设置数据
>>> ntr = 100; mtr = -1.4; sdtr = 0.7
>>> nte = 100; mte = 0.8; sdte = 0.8

>>> # 生成训练数据
```

```
>>> xtr = np.random.normal(loc=mtr,scale=sdtr,size=ntr).reshape(ntr,1)
>>> ytr = f(xtr) + np.random.normal(scale=2,size=ntr).reshape(ntr,1)

>>> # 生成测试数据
>>> xte = np.random.normal(loc=mte,scale=sdte,size=nte).reshape(nte,1)
>>> yte = f(xte) + np.random.normal(scale=2,size=nte).reshape(nte,1)
```

当观测到数据 xtr、ytr 和 xte 时，首先估计训练数据点上的密度比。

```
>>> from common.DensityRatio import kernelDensityRatio
>>> # 估计训练数据点上的密度比
>>> kdr = kernelDensityRatio()
>>> kdr.fit(xtr,xte)
>>> pw = kdr.predict(xtr)

>>> # 通过加权最小二乘法估计回归参数
>>> W = np.sqrt(np.diag(pw))
>>> X = sm.add_constant(xtr)
>>> WX = np.dot(W,X); WY = np.dot(W, ytr)
>>> estTheta = np.linalg.solve(np.dot(WX.T,WX), np.dot(WX.T,WY))
>>> estTheta
array([[0.50385098],
       [-4.13927247]])
```

(θ_0,θ_1) 的估计结果存储在变量 estTheta 中，结果如图 14.7 所示。可以看出，采用密度比估计的加权最小二乘法，在测试数据点上准确逼近了目标函数。

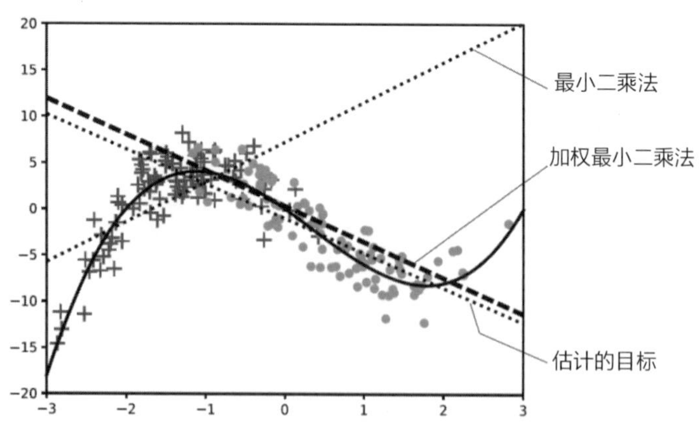

图 14.7　协变量偏移下的回归函数的估计：最小二乘法和加权最小二乘法

14.5 双样本检验

下面介绍使用密度比的双样本检验。假设有以下数据：

$$x'_1,\cdots,x'_m \underset{\text{i.i.d.}}{\sim} p_{\text{n}}(x),\ x_1,\cdots,x_n \underset{\text{i.i.d.}}{\sim} p_{\text{d}}(x)$$

此时考虑如何通过数据检验分布 $p_{\text{n}}(x)$ 和 $p_{\text{d}}(x)$ 是否一致，公式如下：

假设检验 $$H_0\text{: } p_{\text{n}}=p_{\text{d}},\ H_1\text{: } p_{\text{n}}\neq p_{\text{d}} \tag{14.3}$$

对于分布 $p_{\text{n}}(x)$ 和 $p_{\text{d}}(x)$，不假设服从诸如正态分布等的统计模型。当数据 x 为一维数据时，可以用第 7 章介绍的 KS 检验等方法；当数据 x 为多维时，有 KS 检验的多维扩展和 kernel embedding 等方法，现在各种研究还在进行中。这里介绍一种使用密度比的方法。

首先，使用密度比估计分布 $p_{\text{d}}(x)$ 和 $p_{\text{n}}(x)$ 之间的“距离”。使用密度比估计量 $\hat{w}(x)$，则分布之间的 L_1 距离可以估计如下：

$$\int\left|p_{\text{d}}(x)-p_{\text{n}}(x)\right|\mathrm{d}x=\int\left|1-\frac{p_{\text{n}}(x)}{p_{\text{d}}(x)}\right|p_{\text{d}}(x)\mathrm{d}x\approx\frac{1}{n}\sum_{i=1}^{n}\left|1-\hat{w}(x_i)\right|$$

令 L_1 距离的估计量 $\hat{L}_1$ 如下：

$$\hat{L}_1=\frac{1}{n}\sum_{i=1}^{n}\left|1-\hat{w}(x_i)\right|$$

如果 $\hat{L}_1$ 的值足够大，则拒绝表达式（14.4）中的原假设 H_0。考虑到显著性水平，使用排序检验。排序检验的步骤如图 14.8 所示。排序检验相当于模拟由同一分布生成两个数据集时 $\hat{L}_1$ 的分布情况。

■ 排序检验

步骤 1 合并两个数据集 $x_1,\cdots,x_n$ 和 $x'_1,\cdots,x'_m$。

$$S=\{x_1,\cdots,x_n,x'_1,\cdots,x'_m\}$$

步骤 2 将合并后的数据集 S 随机地分成 n 个数据集 S_{d} 和 m 个数据集 S_{n}。

步骤 3 假设 S_{d} 是从 p_{d} 生成的数据，S_{n} 是从 p_{n} 生成的数据，并估计 L_1 距离。设结果为 $\tilde{L}_1$。

步骤 4 重复步骤 2～3，得到关于 $\tilde{L}_1$ 的分布函数 $\tilde{F}(L_1)$。

步骤 5 计算根据实际数据计算出的 $\hat{L}_1$ 的上限概率 $1-\hat{F}(L_1)$，令此值为 p 值的近似值。

步骤 6 $1-\hat{F}(L_1)$ 小于设定的显著性水平，则拒绝 H_0。

图 14.8 排序检验的步骤

下面看一个数值的示例。从分布 p_n 生成 300 个样本，从 p_d 生成 200 个样本，并执行双样本检验。设两个分布都是十维多变量标准正态分布 $N_{10}(0, I)$，排序检验的循环次数设置为 10000 次，计算出估计的 L_1 距离的分布。如图 14.9 所示，如果显著性水平为 5%，则不会拒绝原假设。由于原假设 H_0 是正确的，因此结果是有效的。

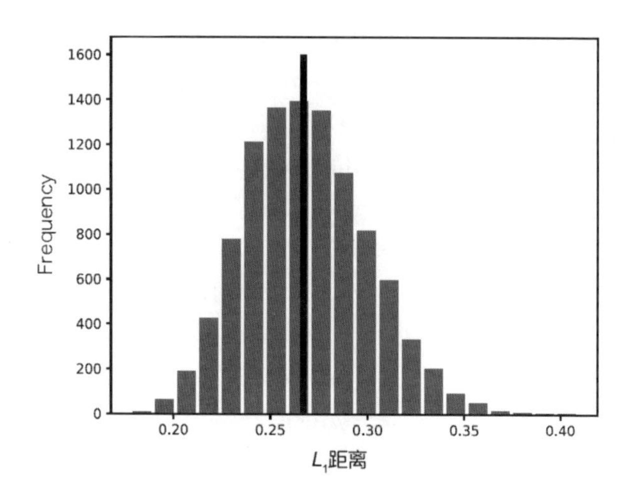

图 14.9　对于服从相同多变量正态分布的双标本数据的检验（使用 L_1 距离的排序检验的 p 值约为 0.44954）

下面介绍使用 sklearn.datasets 模块的 breast_cancer 数据集的示例。breast-cancer 是一个二值分类数据集，每个标签的样本被视为双样本进行检验。首先，缩放数据，使每个坐标轴上的平均值为 0，方差为 1。

作为标本进行检验，首先在各个坐标轴上对数据进行缩放，使平均值为 0，方差为 1。

```
>>> from sklearn.preprocessing import scale
>>> from sklearn import datasets
>>> d = datasets.load_breast_cancer()                    # 读入数据
>>> de = d.data[d.target==0]; de = scale(de)             # 缩放
>>> nu = d.data[d.target==1]; nu = scale(nu)             # 缩放
```

下面使用 L_1 距离的估计进行检验，排序检验的循环次数为 10000 次。

```
>>> from common.DensityRatio import  kernelDensityRatio
>>> kdr =kernelDensityRatio()
>>> kdr.fit(de,nu)                                       # 密度比的估计
>>> L1distEst = np.mean(abs(1-kdr.predict(de)))          # L1距离的估计量
```

```
>>> nperm = 10000                                    # 排序检验的循环次数
>>> nde, nnu = de.shape[0], nu.shape[0]
>>> dall = np.r_[de,nu]
>>> permL1dist = []
>>> for itr in np.arange(nperm):
...     # 数据的排序
...     idx = np.random.choice(nde+nnu,nde,replace=False)
...     perm_de = dall[idx,:]
...     perm_nu = np.delete(dall,idx,0)
...     pdr =kernelDensityRatio()
...     # 估计排序数据的密度比
...     pdr.fit(perm_de, perm_nu)
...     # L1距离的估计
...     permL1dist.append(np.mean(abs(1-pdr.predict(perm_de))))

>>> # 依据排序检验法的 p 值
>>> np.mean(L1distEst < np.array(permL1dist))
0.023099999999999999
```

由上可知，p 值为 0.0231，拒绝原假设 H_0。使用密度比估计的 L_1 距离的估计量，则可以检验出比平均和方差更高次的统计量的差异。

附录 A

基准数据

UCI Machine Learning Repository

UCI Machine Learning Repository（机器学习存储库）是各种类型统计数据的存档。UCI 数据通常用于评估机器学习算法的性能。每个数据集中的数据量、有监督学习/无监督学习、维度等信息都以易于理解的方式进行了总结。

mlbench

mlbench 是统计分析语言——R 语言的软件包。本书为 Python 准备了 spirals、twoDnormals 和 circle 函数，以生成 mlbench 中包含的数据，文件名为 common/mlbench.py。

首先，展示其使用方法的示例。

```
>>> import matplotlib.pyplot as plt
>>> from common import mlbench as ml
>>> X,y = ml.twoDnormals(100, cl=2, sd=1)              # 混合正态分布
>>> plt.scatter(X[y==0,0],X[y==0,1],marker='+',s=100)
>>> plt.scatter(X[y==1,0],X[y==1,1],marker='.',s=100)
>>> plt.show()
>>> X,y = ml.spirals(300, cycles=2, sd=0.05)           # 螺旋
>>> plt.scatter(X[y==0,0],X[y==0,1],marker='+',s=100)
>>> plt.scatter(X[y==1,0],X[y==1,1],marker='.',s=100)
```

```
>>> plt.show()
```

生成的点如图 A-1 所示，绘图代码 common/mlbench.py 如下：

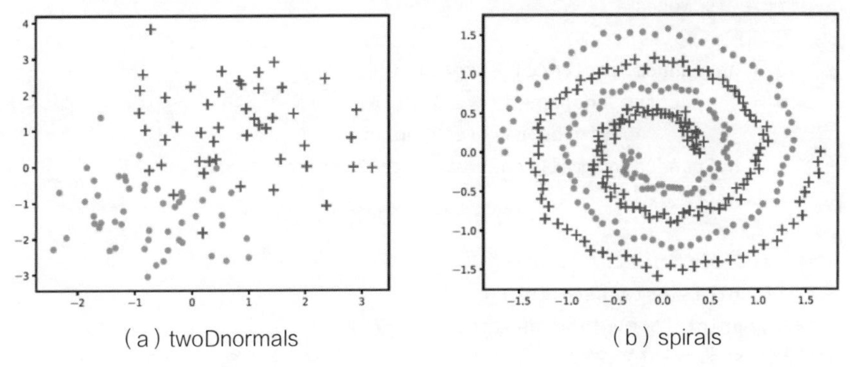

（a）twoDnormals （b）spirals

图 A-1 利用 tworDormals 和 spirals 生成数据

```
import numpy as np
from scipy.special import gamma
import sys

def onespiral(n, cycles=1, sd=0):
    w = np.linspace(0,cycles,n)
    x = np.zeros((n,2))
    x[:,0] = (2*w+1)*np.cos(2*np.pi*w)/3
    x[:,1] = (2*w+1)*np.sin(2*np.pi*w)/3
    if sd > 0:
        e = np.random.normal(scale=sd,size=n)
        xs = np.cos(2*np.pi*w) - np.pi*(2*w+1)*np.sin(2*np.pi*w)
        ys = np.sin(2*np.pi*w) + np.pi*(2*w+1)*np.cos(2*np.pi*w)
        nrm = np.sqrt(xs**2 + ys**2)
        x[:,0] = x[:,0] + e*ys/nrm
        x[:,1] = x[:,1] - e*xs/nrm
    return(x)

def spirals(n, cycles=1, sd=0, label=[0,1]):
    x = np.zeros((n,2))
    c2 = np.random.choice(n,size=round(n/2),replace=False)
    c1 = np.delete(np.arange(n),c2)
    cl = np.repeat(label[0],n)
    cl[c2] = label[1]
    x[c1,:] = onespiral(c1.size, cycles=cycles, sd=sd)
    x[c2,:] = -onespiral(c2.size, cycles=cycles, sd=sd)
```

```
    return([x,cl])

def twoDnormals(n, cl=2, sd=1, r=None):
    if r is None:
        r = np.sqrt(cl)
    e = np.random.choice(cl,size=n)
    m = r*np.c_[np.cos(np.pi/4+e*2*np.pi/cl),
                np.sin(np.pi/4+e*2*np.pi/cl)]
    x = np.random.normal(scale=sd,size=2*n).reshape(n,2) + m
    return([x, e])

def circle(n, d=2):
    if not isinstance(d,int) or (d<2):
        print("d must be an integer >=2")
        sys.exit()
    x = np.random.uniform(low=-1,high=1,size=n*d).reshape(n,d)
    z = np.repeat(1,n)
    r = (2**(d-1) * gamma(1+d/2)/(np.pi**(d/2)))**(1/d)
    z[np.sum(x**2,1) > r**2] = 2
    return([x,z])
```

datasets

各种类型的数据集由 scikit-learn 的 sklearn.datasets 模块提供，较大的数据集可以从存储库等处下载并利用，并且还提供了数据生成器。

```
>>> from sklearn import datasets            # 使用 datasets
>>> iris = datasets.load_iris()             # 利用 Iris 数据

>>> # 下载较大的数据集
>>> _20newsgroups = datasets.fetch_20newsgroups()
Downloading 20news dataset. This may take a few minutes.
Downloading dataset from
https://ndownloader.figshare.com/files/5975967 (14MB)
>>> d = datasets.make_circles()             # 生成数据
# 绘图（图省略）
>>> plt.scatter(d[0][:,0],d[0][:,1],c=d[1]); plt.show()
```

参考文献

[1] 東京大学教養学部統計学教室 編：『統計学入門』(基礎統計学 I), 東京大学出版会, 1991.

[2] W. McKinney 著, 瀬戸山雅人, 小林儀匡, 滝口開資 訳：『Python によるデータ分析入門 第 2 版 — NumPy, pandas を使ったデータ処理』, オライリージャパン, 2018.

[3] 山内長承：『Python による統計分析入門』, オーム社, 2018.

[4] A. Géron 著, 下田倫大, 長尾高弘 訳：『scikit-learn と TensorFlow による実践機械学習』, オライリージャパン, 2018.

[5] 斎藤康毅：『ゼロから作る Deep Learning — Python で学ぶディープラーニングの理論と実装』, オライリージャパン, 2016.

[6] T. Hastie, R. Tibshirani, and J. Friedman 著, 杉山将, 井手剛ほか 監訳：『統計的学習の基礎 — データマイニング・推論・予測』, 共立出版, 2014.

[7] 杉山将：『イラストで学ぶ機械学習 — 最小二乗法による識別モデル学習を中心に』, 講談社, 2013.

[8] 金森敬文, 竹之内高志, 村田昇：『パターン認識』(R で学ぶデータサイエンス 5), 共立出版, 2009.

[9] 竹内啓 編：『統計学辞典』, 東洋経済新報社, 1991.

[10] B. S. Everitt and T. Hothorn: *A Handbook of Statistical Analyses Using R*, 2nd edition, Chapman and Hall, 2009.

[11] 金森敬文, 鈴木大慈, 竹内一郎, 佐藤一誠：『機械学習のための連続最適化』(機械学習プロフェッショナルシリーズ), 講談社, 2016.

[12] 辻谷將明, 竹澤邦夫：『マシンラーニング 第 2 版』(R で学ぶデータサイエンス 6), 共立出版, 2015.

[13] 赤穂昭太郎：『カーネル多変量解析 — 非線形データ解析の新しい展開』(シリーズ確率と情報の科学), 岩波書店, 2008.

[14] U. von Luxburg: "A tutorial on spectral clustering", *Statistics and Computing*, 17(4):395–416, 2007.

[15] B. Schoelkopf and A. J. Smola: *Learning with Kernels: Support Vector Machines, Regularization, Optimization, and Beyond*, The MIT Press, 2001.

[16] 竹内一郎, 鳥山昌幸：『サポートベクトルマシン』(機械学習プロフェッショナルシ

[17] T. Hastie, R. Tibshirani, and M. Wainwright: *Statistical Learning with Sparsity: The Lasso and Generalizations*, Chapman and Hall/CRC, 2015.

[18] 冨岡亮太：『スパース性に基づく機械学習』(機械学習プロフェッショナルシリーズ), 講談社, 2015.

[19] 宮川雅巳：『グラフィカルモデリング』(統計ライブラリー), 朝倉書店, 1997.

[20] T. G. Dietterich: "Ensemble methods in machine learning", In *Proceedings of the First International Workshop on Multiple Classifier Systems*, MCS '00, pp. 1–15, Springer-Verlag, 2000.

[21] T. M. Therneau and E. J. Atkinson: "An introduction to recursive partitioning using the RPART routines", 1997.

[22] Z.-H. Zhou 著, 宮岡悦良, 下川朝有 訳：『アンサンブル法による機械学習 — 基礎とアルゴリズム』, 近代科学社, 2017.

[23] J. Friedman, T. Hastie, and R. Tibshirani: "Additive logistic regression: a statistical view of boosting", *Annals of Statistics*, 28:2000, 1998.

[24] E. Brochu, V. M. Cora, and N. de Freitas: "A tutorial on Bayesian optimization of expensive cost functions, with application to active user modeling and hierarchical reinforcement learning", Technical report, University of British Columbia, Department of Computer Science, 2009.

[25] C. E. Rasmussen and C. K. I. Williams: *Gaussian Processes for Machine Learning (Adaptive Computation and Machine Learning series)*, The MIT Press, 2005.

[26] C. M. Bishop 著, 元田浩, 栗田多喜夫ほか 監訳：『パターン認識と機械学習 (上)』, 丸善出版, 2012.

[27] 井手剛, 杉山将：『異常検知と変化検知』(機械学習プロフェッショナルシリーズ), 講談社, 2015.

[28] M. Sugiyama, T. Suzuki, and T. Kanamori: *Density Ratio Estimation in Machine Learning*, Cambridge University Press, 2012.

[29] T. Kanamori, T. Suzuki, and M. Sugiyama: "Statistical analysis of kernel-based least-squares density-ratio estimation", *Machine Learning*, 86(3):335–367, 2012.